中 职 升 学 考 试 丛 书

机械加工技术
同步练习

主　编　夏建刚　田　燕

参　编　欧鸿彬　马　伟　何广宁　韩雨彤
张本来　曾　露　陈罗凤　董超为
陈志强　席　霞　彭满易　谭儒洪
蒋小洪　盘　建　贺诗义　向　霞
王健华　赖明燕　程　焱　岳顺利
屈光强　张雅琪

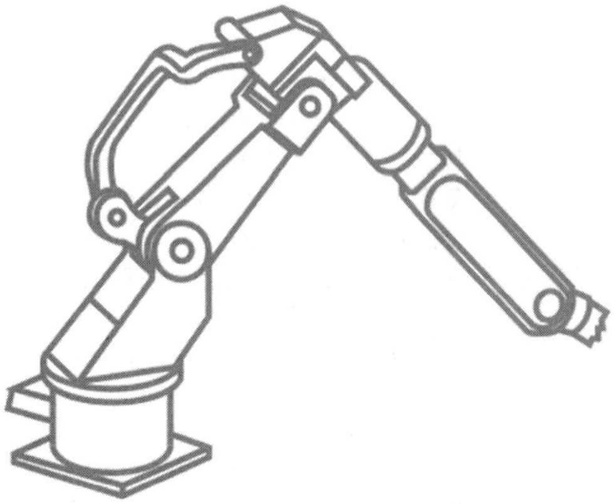

重庆大学出版社

图书在版编目(CIP)数据

机械加工技术同步练习 / 夏建刚,田燕.主编. -- 重庆 :
重庆大学出版社, 2023.8(2025.2 重印)
(中职升学考试丛书)
ISBN 978-7-5689-4002-3

Ⅰ.①机… Ⅱ.①夏… ②田… Ⅲ.①金属切削—中等专业学校—习题集—升学参考资料 Ⅳ.①TG506-44

中国国家版本馆 CIP 数据核字(2023)第 112523 号

机械加工技术同步练习

JIXIE JIAGONG JISHU TONGBU LIANXI

主 编 夏建刚 田 燕
责任编辑:王晓蓉 版式设计:王晓蓉
责任校对:王 倩 责任印制:赵 晟
*
重庆大学出版社出版发行
出版人:陈晓阳
社址:重庆市沙坪坝区大学城西路 21 号
邮编:401331
电话:(023) 88617190 88617185(中小学)
传真:(023) 88617186 88617166
网址:http://www.cqup.com.cn
邮箱:fxk@cqup.com.cn (营销中心)
全国新华书店经销
重庆紫石东南印务有限公司印刷
*
开本:787mm×1092mm 1/16 印张:4 字数:84千
2023 年 8 月第 1 版 2025 年 2 月第 4 次印刷
ISBN 978-7-5689-4002-3 定价:15.00 元

目录

第一章　机械加工的概念

第一节　基本概念

一、选择题

1. 直接制造产品毛坯和零件的机械加工、热处理、检验、装配、调试、涂装等生产活动属于生产过程中的（　　）。

A. 辅助生产过程　　B. 生产服务过程

C. 生产技术准备过程　　D. 生产工艺过程

2. 下列选项中，属于生产过程中的主体的是（　　）。

A. 工艺过程　　B. 生产技术准备过程

C. 生产服务过程　　D. 辅助生产过程

3. 下列关于工艺过程的说法，错误的是（　　）。

A. 一个工序可以包括一个或多个工步

B. 一个工序可以有一次或多次安装

C. 用四把刀具同时加工四个表面，被视为四个工步

D. 一个工步可以包括一次或多次走刀

4. 下列选项中不属于工艺过程的是（　　）。

A. 机械加工　　B. 设备维修

C. 热处理　　D. 涂装

5. 机械加工中，对操作人员的技术水平要求最高的生产类型是（　　）。

A. 单件、小批生产　　B. 中批生产

C. 成批量生产　　D. 大量生产

6. 下列选项中，宜广泛采用高效机床的生产类型是（　　）。

A. 单件生产　　B. 中批生产

C. 小批量生产　　D. 大批、大量生产

7. 产品投产前的市场调查、预测，新产品开发鉴定、产品设计、标准化审查等属于（　　）。

A. 辅助生产过程　　B. 生产服务过程

C. 生产技术准备过程　　D. 生产工艺过程

8. 工艺装备的制造、能源供应和设备维修等工作属于生产过程中的(　　)。

A. 辅助生产过程　　B. 生产服务过程

C. 生产技术准备过程　　D. 生产工艺过程

二、判断题

1. 产品的生产过程是指把原材料转变为成品的各种互相关联的劳动过程的总和。(　　)

2. 机械产品生产过程是生产工艺过程的组成部分。(　　)

3. 一个工序只能有一个工步。(　　)

4. 刀具对工件的每一次切削都称为一次走刀。(　　)

5. 大批、大量生产对调整工人的技术水平要求高。(　　)

6. 不同的产品大小和结构复杂程度对生产类型也有影响。(　　)

7. 企业的生产类型与生产纲领无关。(　　)

8. 工艺过程可以由许多工序组成,一个工序可能有几个安装,一个安装可能有几个工位,一个工位可能有几个工步。(　　)

9. 工艺过程的制订必须结合现有生产条件、生产类型等各方面的因素全面考虑。(　　)

10. 随着科学技术的发展和生产技术的进步,产品的更新换代周期越来越长。(　　)

三、填空题

1. 工艺过程是指生产过程中直接改变工件的__________、__________、__________和__________等,使之成为成品或者半成品的过程。

2. 机械加工工艺过程中的每个工序可依次细分为__________、__________、__________和__________。

3. 工步是指__________、__________和__________都不变的情况下,连续完成的那一部分工序。

4. 工件在机床上或夹具中完成__________并__________的整个过程称为安装,也称为装夹。

5. 机械产品的生产过程包括生产__________准备过程、生产__________过程、__________生产过程和生产__________过程。

6. 根据生产的特点,企业的生产可分为__________生产、__________生产和__________生产三种基本类型。

7. 机械产品成批生产中,按照批量不同可分为__________生产、__________生产和__________生产三种。

第二节　基准

一、选择题

1. 零件加工与装配过程中所采用的基准称为(　　)。

A. 设计基准　　B. 工序基准

C. 工艺基准　　D. 定位基准

2. 在检测零件尺寸是否合格时所依据的基准称为(　　)。

A. 工序基准　　B. 定位基准

C. 测量基准　　D. 装配基准

3. 用来确定零件在部件或产品中的相对位置所采用的基准称为(　　)。

A. 工序基准　　B. 定位基准

C. 测量基准　　D. 装配基准

4. 工序图上用来标注本道工序加工的尺寸和几何公差的基准称为(　　)。

A. 工序基准　　B. 定位基准

C. 测量基准　　D. 装配基准

5. 设计基准是指(　　)。

A. 零件图中所采用的基准　　B. 加工确定位置所采用的基准

C. 检验工件尺寸所采用的基准　　D. 热处理时所采用的基准

二、判断题

1. 机械加工的基准是用来确定工件的几何要素间的几何关系的。(　　)

2. 工序基准必须与设计基准重合。(　　)

3. 用三爪卡盘装夹工件外圆,体现了以轴心线作为定位基准。(　　)

4. 机械加工中作为定位基准的点、线、面,都是工件上的表面。(　　)

5. 工件在加工中和测量时所用的基准为工序基准。(　　)

三、填空题

1. 机械加工中所说的基准是指用来确定生产对象上几何要素间的________所依据的那些________、________、________。

2. 基准根据作用不同,一般可以分为________和________两大类。

3. 工艺基准分为________、________、________和________四种。

4. 工件在________或________测量时所用的基准称为________。

第三节　机械加工的生产率

一、选择题

1. 在一定生产技术组织条件下，完成一件产品或一道工序所消耗的时间称为(　　)。

A. 时间定额　　B. 产量定额
C. 单间工序时间　　D. 基本时间

2. 下列关于提高劳动生产率的工艺途径的叙述，错误的是(　　)。

A. 提高背吃刀量可以缩减基本时间
B. 采用先进高效夹具可缩减辅助时间
C. 大批量生产中广泛采用组合机床
D. 尽可能一个人把整个零件加工完

3. 制订机械加工工艺规程的基本原则是优质、低成本和(　　)。

A. 高效　　B. 高产　　C. 高能　　D. 高速

4. 下列选项中，属于辅助时间的是(　　)。

A. 装卸工件　　B. 润滑机床
C. 收拾工具　　D. 清理切屑

5. 采用多件加工是为了缩短每个零件加工的(　　)。

A. 辅助时间　　B. 技术时间
C. 服务时间　　D. 基本时间

二、判断题

1. 劳动生产率是指工人在单位时间内制造出产品的数量。(　　)
2. 目前社会上多数企业采用时间定额这一劳动定额形式。(　　)
3. 提高劳动生产率只是一个工艺技术问题。(　　)
4. 新型刀具材料的出现会使切削要素发生改变。(　　)
5. 采用新工艺新技术可以在一定程度上提高劳动生产率。(　　)
6. 在成批生产中，单件核算时间可不考虑准备终结时间。(　　)
7. 在大批、大量生产中，单件核算时间可不考虑准备终结时间。(　　)

三、填空题

1. 劳动定额可表现为__________和__________两种基本形式。
2. 在机械加工中，完成__________的__________所需的时间，称为单件时间。

3. 缩短基本时间的主要途径有__________、__________和__________。

4. 通过缩短单件时间来提高机械加工生产率的工艺措施有__________和__________。

5. 机械加工的生产率是指工人在__________内制造出__________的数量，或者是指用于制造__________所消耗的__________。

6. 机械加工单件时间包括__________时间、__________时间、__________时间、__________时间四部分。

第二章　金属切削基础知识

第一节　切削运动与切削要素

一、选择题

1. 磨削加工的主运动是(　　)。

A. 工件的低速旋转运动　　B. 砂轮的高速旋转运动

C. 工件的移动　　D. 砂轮的移动

2. 下列哪种切削加工的主运动和进给运动是由刀具单独完成的？(　　)

A. 车削　　B. 铣削　　C. 钻削　　D. 刨削

3. 车削外圆时，工件上已加工表面与待加工表面间的垂直距离描述的是(　　)。

A. 切削速度　　B. 进给量

C. 背吃刀量　　D. 进给速度

4. 车削时，车刀主切削刃参加工作的长度在切削层横截面内的投影称为(　　)。

A. 切削层公称宽度　　B. 切削层公称厚度

C. 切削层公称长度　　D. 切削层公称横截面面积

5. 下列因素中，对切削层公称横截面面积影响不大的是(　　)。

A. 前角　　B. 进给量

C. 背吃刀量　　D. 主偏角

6. 选择切削用量时，通常选择的次序是(　　)。

A. 切削速度—背吃刀量—进给量　　B. 背吃刀量—进给量—切削速度

C. 进给量—切削速度—背吃刀量　　D. 切削速度—进给量—背吃刀量

7. 车削外圆时，决定切削层公称厚度的因素是(　　)。

A. 切削速度、进给量　　B. 背吃刀量、进给量

C. 进给量、主偏角　　D. 背吃也量、刃倾角

8. 铣削加工的主运动是(　　)。

A. 工件的旋转运动　　B. 铣刀的旋转运动

C. 工件的移动　　D. 铣刀的移动

9. 车削时，工件每转一圈，车刀沿进给方向移动的距离描述的是(　　)。

A. 切削速度　　B. 进给量

C. 背吃刀量　　　　　　　　　　　D. 进给速度

10. 下列选项中，不属于金属切削加工的是(　　)。

A. 车削　　　B. 铣削　　　C. 拉拔　　　D. 刨削

二、判断题

1. 切削加工中的进给运动是速度较低、消耗功率较少的运动。(　　)

2. 牛头刨床刨削加工时，工件的间歇直线运动属于进给运动。(　　)

3. 钻孔时的背吃刀量等于钻头的直径。(　　)

4. 切削加工中，一般主运动可有一个或几个。(　　)

5. 车削外圆时，切削层公称厚度与背吃刀量的大小有关系。(　　)

6. 车削外圆时，切削层公称宽度与进给量的大小有关系。(　　)

7. 车削圆柱面时，背吃刀量为该次的切除余量。(　　)

8. 切削层是指工件上正被刀具切削刃切削的一层金属。(　　)

9. 车削时，车刀每移动一个进给量，主切削刃相邻两个位置间的垂直距离称为切削层公称宽度。(　　)

10. 切削加工的主运动和进给运动可由刀具和工件分别完成，也可由刀具单独完成。(　　)

11. 切削加工时，即将切除的工件表面称为过渡表面。(　　)

12. 车削时，切削速度为切削刃选定点的最小线速度。(　　)

13. 钻削时，进给量为钻头每转一圈，钻头沿进给方向移动的距离。(　　)

三、填空题

1. 车削的主运动是__________运动，进给运动是__________运动。

2. 切削运动根据作用不同可分为__________运动和__________运动。

3. 在切削运动作用下，工件上产生的三个不断变化的表面是__________表面、__________表面和__________表面。

4. 切削层公称横截面面积近似等于__________和__________的乘积。

5. 切削层公称横截面面积近似等于切削层__________和切削层__________的乘积。

6. 切削运动是指切削加工时__________和__________之间的相对运动。

7. 车削外圆时，背吃刀量是指工件上__________和__________间的垂直距离。

8. 切削层要素包含：切削层__________、切削层__________和切削层公称横截面面积。

9. 金属切削加工是指用__________从工件上__________的加工方法。

10. 切削用量是切削过程中__________、__________、__________的总称。

11. 车削时，切削速度是指__________相对于__________的瞬时速度。

12. 车削时，进给量为工件__________车刀__________的距离，其单位为__________。

13. 铣削时，进给量可用__________、__________、__________表示。

14. 加工一直径为 18 mm 的孔，先用直径为 16 mm 的麻花钻钻孔，其背吃刀量为__________；再用直径为 18 mm 的直柄扩孔钻扩孔，其背吃刀量为__________。

四、计算题

1. 如图所示，对零件进行外圆车削加工，已知零件转速 $n=900$ r/min，要求 3 min 加工完成，试求加工的切削速度 v_c，背吃刀量 a_p，进给量 f。（选 $\pi=3.14$，计算结果保留 2 位小数）

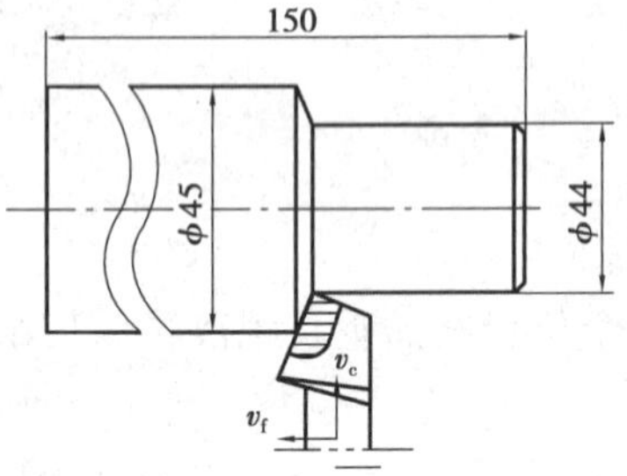

2. 如图所示，对零件进行外圆车削加工，已知零件转速 $n=1\ 200$ r/min，$f=0.08$ mm/r，试求加工的切削速度 v_c，背吃刀量 a_p，及一次走刀所需要的时间 t。（选 $\pi=3.14$，计算结果保留 2 位小数）

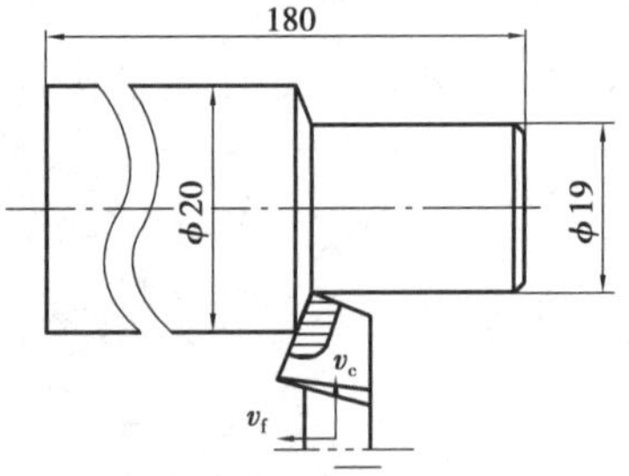

3. 如图所示，在钢材上加工深度为 35 mm，直径为 $\phi10$ 的通孔，加工使用的高速钢麻花钻头的螺旋角为 25°，刃磨顶角为 118°。钻头的转速为 $n=955$ r/min，钻床的进给量$f=0.22$ mm/r。试求此次钻削加工所需要的时间 t，以及切削速度v_c 和背吃刀量a_p。

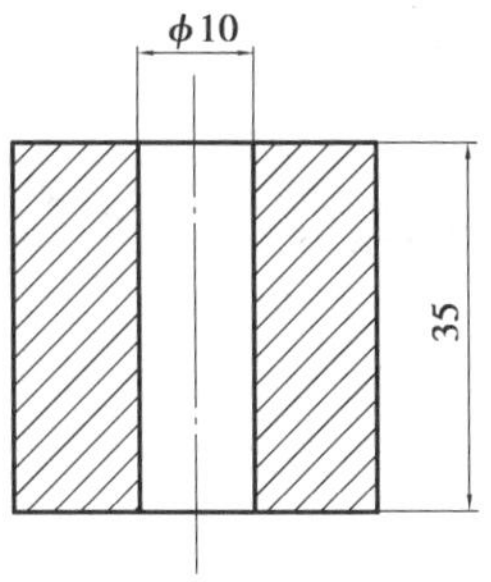

4. 如图所示的铣削加工示意图，铣削时选用圆柱端面铣刀（$\phi=125$ mm，$z=12$，材料为高速切削钢）铣削平面，工件材料为 EN-GJL-HB235，要求表面粗糙度 $Ra=6.3$。已知：转速 $n=80$ r/min，工件长度 $L=120$ mm，$f_z=0.1$ mm/z，$H_1=20$ mm，$H_2=16$ mm，求切削速度 v_c、背吃刀量 a_p 及铣削一刀所需要的时间 t。

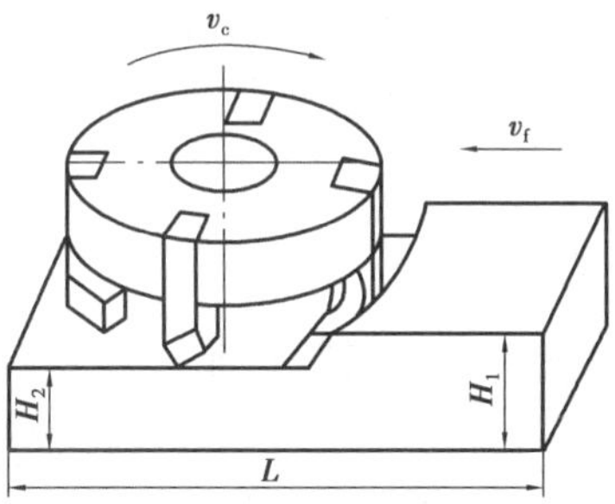

第二节　刀具切削部分的基本定义

一、选择题

1. 刀具上，与工件的过渡表面相对的表面指的是外圆车刀的（　　）。

A. 后面　　B. 前面　　C. 副后面　　D. 过渡表面

2. 过外圆车刀切削刃上选定点建立的垂直于假定主运动方向的辅助平面是(　　)。

A. 基面　　B. 切削平面　　C. 正交平面　　D. 法平面

3. 外圆车刀副切削刃在基面上的投影与反进给方向之间的夹角是(　　)。

A. 前角　　B. 副后角　　C. 主偏角　　D. 副偏角

4. 外圆车刀主、副切削刃在基面内的投影之间的夹角是(　　)。

A. 楔角　　B. 主偏角　　C. 刀尖角　　D. 副偏角

5. 车削工件外圆时,决定外圆车刀与工件摩擦程度的角是(　　)。

A. 前角　　B. 刃倾角　　C. 刀尖角　　D. 后角

6. 外圆车刀在正交平面内测量的角不包括(　　)。

A. 前角　　B. 后角　　C. 刃倾角　　D. 楔角

7. 刀具上,与已加工表面相对的表面指的是车刀的(　　)。

A. 后面　　B. 前面　　C. 副后面　　D. 过渡表面

8. 过外圆车刀切削刃上选定点与主切削刃相切并垂直于基面的辅助平面是(　　)。

A. 基面　　B. 切削平面　　C. 正交平面　　D. 法平面

9. 外圆车刀的前面与主后面在正交平面内的投影之间的夹角是(　　)。

A. 后角　　B. 前角　　C. 楔角　　D. 刃倾角

10. 切屑流过的表面指的是外圆车刀的(　　)。

A. 后面　　B. 前面　　C. 副后面　　D. 过渡表面

二、判断题

1. 外圆车刀前面和后面的交线是副切削刃。(　　)

2. 作为外圆车刀的辅助平面的正交平面,既垂直于基面又垂直于切削平面。(　　)

3. 外圆车刀的楔角是前面与主后面在正交平面的投影之间的夹角。(　　)

4. 当外圆车刀刀尖安装得低于工件轴线时,工作前角增大,后角减小。(　　)

5. 外圆车刀主后面与基面在正交平面内的投影之间的夹角被称为后角。(　　)

6. 外圆车刀上,主切削刃和基面在切削平面内的投影之间的夹角是刀尖角。(　　)

7. 当外圆车刀刀尖为主切削刃上最低点时刃倾角为负值。(　　)

8. 外圆车刀主切削刃与副切削刃的交点即为刀尖。(　　)

9. 外圆车刀的刀尖一般用短直线或圆弧替代。(　　)

10. 当外圆车刀的主切削刃为水平时,刃倾角为零。(　　)

三、填空题

1. 外圆车刀的副切削刃是__________和__________的交线。

2. 外圆车刀的后角是__________与__________在正交平面内的投影之间的夹角。

3. 外圆车刀的前角是__________与__________在正交平面内的投影之间的夹角。

4. 外圆车刀的主切削刃是__________和__________的交线。

5. 外圆车刀的副偏角是__________在基面内的投影与__________方向之间的夹角。

6. 当外圆车刀刀尖为主切削刃上最__________点时，刃倾角为正值；当外圆车刀刀尖为主切削刃上最__________点时，刃倾角为负值。

7. 当外圆车刀的刀具轴线安装方向不正确时，__________角和__________角的大小将发生变化。

8. 外圆车刀角度中，楔角是__________和__________在正交平面内的投影之间的夹角。

9. 车刀的前角、后角和楔角三者之和为__________度，主偏角、副偏角和刀尖角三者之和为__________度。

10. 车削外圆时，当车刀刀尖安装高于工件轴线时，其工作前角__________，工作后角__________。

第三节　切削过程及其物理现象

一、选择题

1. 车削铸铁和黄铜等脆性材料时，易产生的切屑类型是(　　)。

A. 带状切屑　　B. 节状切屑

C. 单元切屑　　D. 崩碎切屑

2. 车削时，带走绝大部分切削热的是(　　)。

A. 工件　　B. 切屑　　C. 空气　　D. 刀具

3. 为防止积屑瘤的产生，下列所采取的措施中，作用不大的是(　　)。

A. 增大前角　　B. 用磨石仔细打磨刀具前面

C. 选用合适的切削液　　D. 增大副偏角

4. 车削加工中，使用较小的前角、较低的切削速度加工中等硬度的塑性材料时，易产生的切屑类型是(　　)。

A. 带状切屑　　B. 节状切屑

C. 单元切屑　　D. 崩碎切屑

5. 车削外圆时，已加工表面受到切削刃钝圆部分和后面的挤压、摩擦与回弹，造成纤维化与加工硬化，发生在(　　)。

A. 第一变形区　　B. 第二变形区

C. 第三变形区　　D. 第四变形区

6. 车削工件时,产生的切削力中消耗机床功率最大的是(　　)。

A. 主切削力　　B. 进给力

C. 背向力　　D. 轴向力

7. 车削工件时,产生的切削力中不做功的是(　　)。

A. 主切削力　　B. 进给力

C. 背向力　　D. 切向力

8. 计算机床动力、主传动系统零件的强度和刚度的主要依据是(　　)。

A. 主切削力　　B. 进给力

C. 背向力　　D. 轴向力

9. 计算进给系统零件强度和刚度的主要依据是(　　)。

A. 主切削力　　B. 进给力

C. 背向力　　D. 切向力

10. 切削碳素钢时,切屑温度最高的是(　　)。

A. 银白色　　B. 黄色　　C. 蓝色　　D. 紫色

11. 下列关于影响切削热的因素的说法,错误的是(　　)。

A. 工件材料强度和硬度越高,切削温度越高

B. 刀具角度中对切削热影响较大的是前角和主偏角

C. 切削速度对切削热影响最小

D. 前角过大不利于降低切削温度

12. 切削温度是指刀具前面与切屑的接触区的(　　)。

A. 最高温度　　B. 平均温度

C. 最低温度　　D. 工件表面温度

13. 下列关于切削热传散的描述,错误的是(　　)。

A. 切削热传入切屑及介质中的热对加工没有影响

B. 切削热传散给刀具,会加速刀具磨损

C. 切削热传散给机床对加工没有影响

D. 切削热传入工件,会影响加工精度

14. 对切削力产生影响最小的因素是(　　)。

A. 工件材料　　B. 前角

C. 背吃刀量　　D. 切削速度

二、判断题

1. 使用较大前角及较高的切削速度、较小的进给量和背吃刀量切削塑性工件外圆时易产生节状切屑。　　(　　)

2. 金属切削过程实质上是一个变形的过程。 ( )

3. 车削工件外圆形成节状切屑时切削力大,加工后,工件表面较粗糙。 ( )

4. 车削工件外圆形成单元切屑时的加工表面较光洁,精度好。 ( )

5. 车削工件外圆形成崩碎切屑时,刀尖易磨损和振动,影响表面粗糙度。 ( )

6. 在切削处于相对稳定的状态时,积屑瘤可以代替刀刃进行切削。 ( )

7. 车削加工中,材料塑性越好越容易产生积屑瘤。 ( )

8. 切削速度较低(V_c<5 m/mim)或较高(V_c>100 m/mim)时,都不会出现积屑瘤。 ( )

9. 切削加工中,工件刚性不足时,应考虑背向力的问题。 ( )

10. 车削塑性材料时,前角减小可使切削力降低。 ( )

11. 强度、硬度相近的工件材料中,塑性、韧性越高,切削力越小。 ( )

12. 在切削过程中,进给量和背吃刀量越大,切削力也越大。 ( )

13. 切削碳素钢时,切屑的颜色从银白色、黄色、紫色到蓝色的变化,表明切削温度从高到低的变化。 ( )

14. 工件材料的导热性好,有利于降低切削温度。 ( )

15. 切削加工中产生的切削热会引起工件变形,影响加工精度。 ( )

16. 切削加工中应设法减少切削热的产生,改善散热条件。 ( )

17. 主切削力是计算进给系统零件强度和刚度的主要依据。 ( )

18. 增大外圆车刀的主偏角有利于降低切削温度。 ( )

19. 车削外圆时,适当增大前角可减少切削热。 ( )

20. 切屑的类型可以随切削条件的不同而改变。 ( )

三、填空题

1. 切削过程中,切削热通过__________、__________、__________以及周围的介质传导出去。

2. 金属切削过程中产生的__________、__________、__________和__________等物理现象,都是由切削过程中的变形和摩擦引起的。

3. 金属切削过程实质上是一种挤压过程,是__________与__________相互作用又相对运动的过程。

4. 车削时,总切削力来源于__________金属的变形抗力、刀具__________面与切屑之间的摩擦力以及刀具__________面与过渡表面之间的摩擦力。

5. 在切削过程中,由于切削层金属的__________、__________以及__________而产生的热,被称为切削热。

6. 材料的__________、__________越高,切削时消耗的功越多,切削温度也就越高。

7. 车削过程中,为了有效控制切削温度,切削用量中选择大的__________和

__________的比选用较大__________有利。

8. 切屑的类型有__________切屑、__________切屑、__________切屑和__________切屑。

9. 产生积屑瘤的主要因素是__________和__________。

10. 车刀总切削力可以分解为__________、__________和__________。

11. 影响切削力的因素有__________、__________和切削用量。

12. 影响切削热的因素有__________、__________和刀具角度。

第四节　切削液

一、选择题

1. 下列关于切削液加注方法的说法,错误的是(　　)。

A. 浇注法冷却效果较好

B. 喷雾法具有较好的冷却作用

C. 内冷法需要特殊的刀体结构

D. 浇注法应用较广泛

2. 粗加工钢件时,切削液一般选用(　　)。

A. 水溶液　　B. 乳化液

C. 切削油　　D. 煤油

3. 精加工钢件时,切削液宜选用(　　)。

A. 水溶液　　B. 低浓度乳化液

C. 极压切削油　　D. 煤油

4. 下列关于切削液的选用,错误的是(　　)。

A. 粗加工时应选用冷却为主的切削液

B. 硬质合金刀具一般不加切削液

C. 铸铁材料一般选用水溶液

D. 钢件粗加工一般选用乳化液

5. 精加工铸铁件时,切削液宜选用(　　)。

A. 水溶液　　B. 低浓度乳化液

C. 切削油　　D. 煤油

6. 切削液的作用不包括(　　)。

A. 冷却作用　　B. 润滑作用

C. 清洗作用　　D. 抛光作用

二、判断题

1. 浇注法具有较好的冷却效果。（　　）
2. 内冷法是使切削液通过刀体上的通道流向切削刃部位的一种冷却方法。（　　）
3. 切削液在流动过程中冲走切屑和磨粒，从而起到清洗的作用。（　　）
4. 磨削加工中最常用的切削液是切削油。（　　）
5. 精加工时为保证工件精度和表面质量，应选择切削油或浓度较大的乳化液。（　　）
6. 铰削钢材时，宜选用乳化液或极压切削油。（　　）
7. 用高速钢刀具粗加工时，宜选用切削油。（　　）
8. 切削液的渗透性决定了切削液是否进入切削区。（　　）
9. 切削液的油性决定了进入切削区的切削液形成油膜的强度。（　　）
10. 合理使用切削液可减小总切削力。（　　）
11. 切削液选择是否合理直接影响工件的加工质量和刀具的使用寿命。（　　）

三、填空题

1. 切削液冷却的效果取决于其本身的__________、__________、__________和汽化速度等性质和冷却的方法。

2. 切削液的润滑作用是通过切削液渗透到__________与切屑和__________之间形成润滑膜而达到的。

3. 切削液润滑作用的好坏，取决于切削液的__________、__________和油膜强度。

4. 粗加工时，应选用以__________作用为主的切削液；精加工时，应选择以__________作用为主的切削液。

5. 精加工时，主要保证__________和__________，所以要根据切削速度来选择切削油或浓度较大的乳化液。

6. 常用的切削液可分为__________、__________和__________三大类。

7. 切削液的作用有__________作用、__________作用、__________作用和__________作用。

8. 切削液的冷却方法有__________、__________和__________等。

第三章 机械加工工艺系统

第一节 机床

一、选择题

1. 下列关于机床的分类,属于按适用范围不同进行分类的是(　　)。

A. 重型机床　　B. 仪表机床

C. 专用机床　　D. 仿形机床

2. C6150 型车床的最大工件回转直径是(　　)。

A. 400 mm　　B. 150 mm　　C. 50 mm　　D. 500 mm

3. 在普通车床中,为了保证纵、横向机动进给和车螺纹进给,运动不能同时接通,为避免机床损坏而设置的机构是(　　)。

A. 互锁机构　　B. 开合螺母机构

C. 变速操纵机构　　D. 纵、横向机动进给操纵机构

4. 普通车床故障中,主轴发热(非正常升温)的故障原因是(　　)。

A. 制动器过松,制动带不起作用

B. 摩擦离合器轴上的元宝销、滑套和拉杆严重磨损

C. 主电动机 V 带调节过松

D. 主轴间隙过小,使摩擦力和摩擦热增加

5. X6132 型铣床的工作台面的宽度为(　　)。

A. 132 mm　　B. 32 mm　　C. 320 mm　　D. 160 mm

6. 在普通车床上,用来接通或断开丝杠传来的运动的是(　　)。

A. 纵、横向机动进给操纵机构　　B. 互锁机构

C. 安全离合器　　D. 开合螺母机构

7. 机床的类代号用汉语拼音字母大写表示,其中镗床的类代号是(　　)。

A. C　　B. T　　C. Z　　D. X

8. 铣削较薄零件时,夹紧力不能太大,常采用(　　)。

A. 逆铣　　B. 端铣　　C. 顺铣　　D. 以上均可

9. 型号 XK5032 机床属于(　　)。

A. 立式铣床　　B. 立式数控铣床

C. 卧式铣床　　　　D. 卧式数控铣床

10. 在 FW250 型分度头上铣削八等分工件，每铣一边后分度头手柄应转(　　)。

A. 1 转　　B. 2 转　　C. 3 转　　D. 5 转

11. 金属切削机床中，主运动是直线运动的是(　　)。

A. 车床　　B. 钻床　　C. 磨床　　D. 刨床

12. 在普通车床上，把光杠或丝杠的旋转运动转变成车刀的纵横向运动的是(　　)。

A. 主轴箱　　B. 进给箱　　C. 操纵杆　　D. 溜板箱

13. 对于材料硬度非常高的工件，要求加工精度高、表面粗糙度值小的加工方法是(　　)。

A. 车削　　B. 刨削　　C. 磨削　　D. 铣削

二、判断题

1. 机床的启动、停车、变速都属于辅助运动。(　　)

2. 机床中的啮合式离合器结构简单紧凑，不能保证准确的传动比，只能在停转或低速时进行接合。(　　)

3. 机床中超越离合器的作用是避免运动干涉，实现快、慢速自动转换。(　　)

4. 一台机床所有运动的传动链就组成了该机床的传动系统。(　　)

5. CA6140 型卧式车床中，车螺纹运动传动链的两端件是主轴和刀架。(　　)

6. CA6140 型卧式车床中，刀架的纵、横向快速移动由溜板箱右侧快速电动机传动。(　　)

7. CA6140 型卧式车床中的互锁机构是为了保证纵、横向机动进给和车螺纹进给运动不能同时接通。(　　)

8. 机床中采用的离合器变速机构变速方便，变速时齿轮无须移动，适用于斜齿轮传动。(　　)

9. 台钻的变速机构使用的是带轮变速机构。(　　)

10. 制动装置中，制动带松紧程度应适当，要求停车时主轴迅速制动，开车时制动带完全松开。(　　)

11. 铣削用量包括铣削深度、铣削速度、进给量、铣削宽度。(　　)

12. 箱体、机架等结构复杂的零件上的孔适宜在钻床上加工。(　　)

13. 车床的车螺纹运动传动链属于内联系传动链。(　　)

14. X6132 型机床有升降台机构，带动工作台上下移动。(　　)

三、填空题

1. 机床型号 X6132 中，X 表示__________类，数字 32 表示工作台面宽度为__________ mm。

2. 啮合式离合器可根据其结构的形状不同分为__________离合器和__________离

合器两种。

3. 在 CA6140 普通车床主轴箱中,箱内有__________和__________变速机构。调整变速机构可以获得合适的主轴转速。

4. CA6140 型卧式车床主轴箱主要由__________、__________、开停与制动装置、操纵机构及润滑装置组成。

5. 下图是 CA6140 型车床结构图,写出各部件的名称。

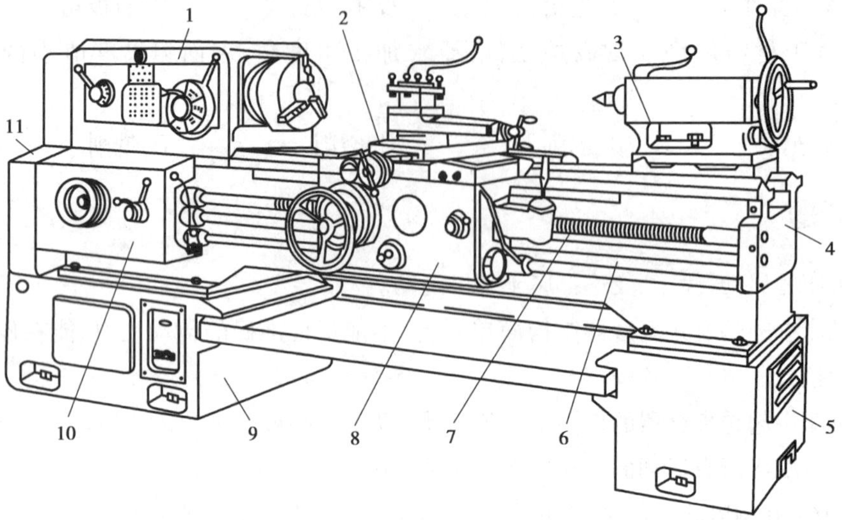

1:__________　2:__________　3:__________　4:__________

5:__________　6:__________　7:__________　8:__________

9:__________　10:__________　11:__________

6. 普通车床主轴的旋转精度、刚度、抗振性等对工件的__________和__________有直接影响。

7. 铣床型号 X5032A 中,5 表示__________,32 表示__________。

8. 按自动化程度不同,机床可分为__________、__________和__________三种。

9. 按自动控制方式不同,机床可分为__________、__________和__________等。

10. 按结构布局形式不同,机床可分为__________、__________和__________等。

11. 为获得加工过程中所需的各种运动,机床应具备__________、__________和__________三个部分。

12. 机床在加工过程中所需的运动按其功用不同分为__________和__________两类。

13. 机床传动装置一般有机械、__________、__________、__________等形式。

14. 机械传动装置常见的离合器有__________离合器、__________离合器、__________离合器和安全离合器等。

15. 普通机床上通常采用由__________或__________组成的换向机构。

16. 机床型号 CA6150 中,字母 C 表示__________,数字 1 表示__________,数字 50

表示____。

17. 机床型号 Z5135 中，字母 Z 表示__________，数字 1 表示__________，数字 35 表示____。

18. 铣床根据结构和用途的不同可分为__________、__________、__________、__________和工具铣床。

19. 常用的钻床有__________、__________、台式钻床等。

20. 常用磨床有万能__________、__________、__________、平面磨床等。

四、计算题

1. 在铣床上铣一槽数为 22 的工件，每铣一槽后，分度头手柄应转过的转数为多少？
（设可用的分度头盘孔数为 46、47、49、51、53、54、57、58、59、62、66）

2. 铣床上，在直径为 ϕ60 mm 的铝棒上铣削出六边形，每铣一面后，分度头手柄应转过的转数为多少？
（设可用的分度头盘孔数为 46、47、49、51、53、54、57、58、59、62、66）

第二节　刀具

一、选择题

1. 加工精度高的轴瓦时，优先选择的刀具是(　　)。

A. 高速钢刀具　　B. 硬质合金刀具

C. 合金工具钢刀具　　D. 人造金刚石刀具

2. 下列有关高速钢刀具的说法，错误的是(　　)。

A. 高速钢适宜制造形状复杂的刀具

B. 高速钢目前广泛用于高速切削的刀具

C. 高速钢广泛用于制造麻花钻、丝锥等

D. 高速钢刀具的耐热性不如硬质合金刀具

3. 在学校生产实训车间中，我们常用来切槽、切断的银白色刀片，通常使用的制造材料是(　　)。

A. 碳素工具钢　　B. 高速钢

C. 硬质合金　　D. 陶瓷

4. 硬质合金刀具 YG3 属于(　　)。

A. 钨钴类　　B. 钨钛钴类

C. 通用类　　D. TiC 基

5. 刃磨刀具时，不宜进行冷却的刀具材料种类是(　　)。

A. 碳素工具钢　　B. 合金工具钢

C. 高速钢　　D. 硬质合金

6. 刃磨车刀时，错误的做法是(　　)。

A. 人站在砂轮的正面

B. 砂轮旋转平稳后才磨刀

C. 刃磨硬质合金车刀使用了绿色碳化硅砂轮

D. 刃磨硬质合金车刀没有用水冷却

7. 加工中，属于刀具正常磨损的是(　　)。

A. 刀具崩刃　　B. 刀片碎裂

C. 刀刃变钝　　D. 刀尖断裂

8. 制造低速手动刀具的材料，优先选择的是(　　)。

A. 碳素工具钢　　B. 高碳钢

C. 优质碳素工具钢　　D. 淬硬钢

9. 孔加工刀具中，能直接在工件上加工孔的是(　　)。

A. 麻花钻　　B. 扩孔钻
C. 铰刀　　D. 拉刀

10. 下列有关高速钢刀具的说法,错误的是(　　)。
A. 高速钢目前是广泛用于高速切削的刀具
B. 高速钢能制造形状复杂的刀具
C. 高速钢广泛用于制造麻花钻、铣刀等
D. 高速钢刀具的耐磨性不如硬质合金

11. 硬质合金的主要特点是高硬度、高耐磨性、高(　　)。
A. 塑性　　B. 耐热性　　C. 韧性　　D. 强度

12. 硬质合金刀具 YT5 属于(　　)。
A. 钨钴类　　B. 钨钛钴类
C. 通用类　　D. TiC 基

13. 下列选项中,适合高速精车材料为 45 钢的细长轴选择的刀具材料是(　　)。
A. 高速钢　　B. 合金工具钢
C. YG 类硬质合金　　D. YT 类硬质合金

14. 衡量刀具材料切削性能的重要指标是(　　)。
A. 红硬性　　B. 工艺性　　C. 强度　　D. 硬度

15. 下列刀具材料中,硬度最高的是(　　)。
A. 表面涂层硬质合金　　B. 陶瓷
C. 人造金刚石　　D. 立方氮化硼

二、判断题

1. 刀具正常磨损阶段越长,它的寿命就越长。(　　)
2. 刃磨车刀时,为使刃磨表面更平整,应将车刀保持在砂轮的某一位置。(　　)
3. 磨削焊接式硬质合金车刀的前面、后面和副后面等处的焊渣以及车刀刀体的底平面时应采用氧化铝砂轮。(　　)
4. 刀具寿命是指一把新刀从投入切削时起,到报废为止的实际总切削时间。(　　)
5. 刃磨高速钢车刀,应选择碳化物系砂轮。(　　)
6. 刀具材料的切削性能与生产率和刀具寿命没有关系,只影响零件加工质量。(　　)
7. 高速钢材料适宜于制造刃形较复杂的刀具。(　　)
8. 目前,高速钢材料主要用于制造高速切削刀具。(　　)
9. 刃磨车刀时,机械刃磨比手工刃磨刀具更锋利。(　　)
10. 钳工加工中,铰刀可以作为一般孔的精加工刀具。(　　)
11. 钨钴类硬质合金 YT 刀具适用于加工铸铁和有色金属。(　　)

12. 一般来说,刀具材料的硬度越高,其强度和韧性就越低。 ( )
13. 刚玉系砂轮的硬度较高,主要用于磨削硬质合金、宝石、陶瓷和玻璃等。 ( )
14. 拉刀主要用于小批量生产,刀具成本高。 ( )
15. 丝锥、板牙属于螺纹刀具。 ( )
16. 足够的强度和韧性是刀具材料最基本的性能。 ( )
17. 碳素工具钢、合金工具钢多用于切削速度较高的刀具。 ( )
18. 新采购的 YT 系列车刀可不需刃磨,直接使用。 ( )

三、填空题

1. 车刀的刃磨,有__________刃磨和__________刃磨两种。

2. 麻花钻一般由__________、__________和柄部组成。

3. 常用的硬质合金有两类,用于加工有色金属的是__________硬质合金,用于加工钢材的是__________硬质合金。

4. 刀具的磨损过程大致可分为三个阶段,分别是__________、__________、急剧磨损阶段。

5. 在切削用量三要素中,对刀具寿命影响最大的是__________,对切削力影响最大的是背吃刀量和__________。

6. 标准麻花钻的工作部分包括__________部分和__________部分。

7. 刀具材料的种类很多,常用的金属材料有工具钢、__________、__________;非金属材料有金刚石、立方氮化硼等。

8. 车刀按结构分为__________车刀、__________车刀、__________车刀和可转位式车刀。

9. 车刀按用途分为__________车刀、__________车刀、__________车刀、__________车刀和切断刀等。

10. 铣刀是一种在圆柱或端面具有__________、__________的刀具。

11. 刀具切削部分的材料应具备的性能包括__________、__________、__________、足够的__________、良好的__________等。

12. 国际标准对硬质合金刀具分成 P、M、K 三类,其中 P 类相当于我国的__________类,K 类相当于我国的__________类,M 类相当于我国的__________类。

13. 刀具牌号 YG3,其中字母 YG 表示______________________________,数字 3 表示______________________________。

14. 刀具牌号 YT15,其中字母 YT 表示______________________________,数字 15 表示______________________________。

15. 车刀正常磨损时,按其发生的部位不同可分为__________、__________、__________三种形式。

16. 影响刀具寿命的主要因素有__________、__________、__________、__________以及是否使用切削液等。

17. 在实训室手工刃磨车刀时，白色氧化铝砂轮用于磨________________和________________，绿色碳化硅砂轮用于磨________________。

第三节　夹具

一、选择题

1. 在限制工件自由度时，x 方向的移动被两次限制，但限制工件自由度总数只有四个，这种情况属于(　　)。

A. 完全定位　　B. 不完全定位

C. 重复定位　　D. 欠定位

2. 下列关于夹紧力作用点的结论，错误的是(　　)。

A. 夹紧力作用点应落在定位元件的支承表面内

B. 作用点应适当靠近加工表面

C. 作用点应作用在工件刚性较好的部位

D. 夹紧力应指向主要定位基面

3. 工件定位时，被消除的自由度少于六个，且不能满足加工要求的定位称为(　　)。

A. 欠定位　　B. 过定位

C. 完全定位　　D. 不完全定位

4. 根据加工要求，限制自由度可以少于六个，这种定位方式称为(　　)。

A. 不完全定位　　B. 完全定位

C. 欠定位　　D. 过定位

5. 下列关于夹紧力方向的选定，不正确的是(　　)。

A. 夹紧力作用方向应使所需夹紧力尽量大

B. 夹紧力作用方向不应破坏工件的定位

C. 夹紧力作用方向应使工件的夹紧变形小

D. 夹紧力作用方向应使所需夹紧力尽量小

6. 夹紧力作用方向的确定原则是(　　)。

A. 必须垂直向下　　B. 应垂直于主要定位基准面

C. 夹紧力最大　　D. 无须考虑工件变形问题

7. 专用夹具适用于(　　)。

A. 试制生产　　B. 单件生产

C. 大批量生产　　D. 小批量生产

8. 下列哪项不是机床夹具中夹紧装置应满足的基本要求？(　　)

A. 夹紧动作准确　　B. 夹紧动作快速

C. 夹紧力应尽量大　　D. 夹紧装置结构应尽量简单

9. 在工件的定位方式中,任何情况下都应避免的是(　　)。

A. 完全定位　　B. 不完全定位

C. 重复定位　　D. 欠定位

10. 下列机床夹具中,不属于按使用方式分类的是(　　)。

A. 车床夹具　　B. 手动夹具

C. 铣床夹具　　D. 钻床夹具

11. 在实际生产中,金属切削机床上所使用的夹具统称为(　　)。

A. 工艺装备　　B. 机床夹具

C. 加工定位装置　　D. 机床附件

12. 夹具之所以在生产中得到广泛应用,是因为夹具能降低生产成本、提高劳动生产率、改善劳动条件,更重要的是能够保证(　　)。

A. 装夹　　B. 定位

C. 加工精度　　D. 找正过程

13. 用三个不在一条直线上的支承点对工件的平面进行定位,能消除其自由度的是(　　)。

A. 三个移动　　B. 三个转动

C. 一个移动、两个转动　　D. 一个转动、两个移动

14. 在磨床上磨削轴类零件时,使用两顶尖定位,限制了工件自由度数目是(　　)。

A. 两个　　B. 三个　　C. 四个　　D. 五个

15. 下面既起定位作用又起夹紧作用的元件是(　　)。

A. 定位支承　　B. 活动 V 形块

C. 夹紧支承　　D. 自位支承

16. 基本夹紧机构中,夹紧力小、夹紧行程短、操作比较费时的是(　　)。

A. 斜楔夹紧机构　　B. 偏心夹紧机构

C. 螺旋夹紧机构　　D. 铰链夹紧机构

17. 车床的四爪单动卡盘属于(　　)。

A. 可调夹具　　B. 专用夹具

C. 组合夹具　　D. 通用夹具

18. 在夹具中,用一个狭长平面对工件进行定位,可限制工件的自由度是(　　)。

A. 一个　　B. 二个　　C. 三个　　D. 四个

19. 车床上的三爪卡盘属于(　　)。

A. 定心夹紧机构　　B. 偏心夹紧机构

C. 螺旋夹紧机构　　D. 联动夹紧机构

20. 工件以外圆柱面定位的常用定位元件不包括(　　)。

A. 半圆孔　　B. V 形块　　C. 圆柱心轴　　D. 定位套

二、判断题

1. 工件使用圆锥销定位,限制了工件的两个自由度。 ( )

2. 偏心夹紧机构通常因为结构简单、操作简便,所以得到了极为广泛的运用。 ( )

3. 对于轴类零件的定位而言,定位元件只能用V形块,因为对中性好。 ( )

4. 设计夹紧装置对夹具自锁性要求不高。 ( )

5. 螺旋压板机构多用于形状不规则、较复杂零件的加工中。 ( )

6. 工件被夹紧了,它的自由度也就被限制了。 ( )

7. 辅助支承只用来提高工件的装夹刚性和稳定性,不起定位作用。 ( )

8. 重复定位会影响工件的正确位置,是绝不允许的。 ( )

9. 夹紧力方向不应破坏工件的定位,应尽量垂直于主要定位基面。 ( )

10. 为了提高工件的定位精度,工件被限制的自由度应该越多越好。 ( )

11. 夹具只能提高生产率,不能扩大机床的加工工艺范围。 ( )

12. 加工中的欠定位就是不完全定位。 ( )

13. 当夹紧力靠近被加工表面时,可以减少工件在切削时产生的振动。 ( )

14. 对于欠定位是否允许,应根据具体情况来定。 ( )

15. 支承钉和支承板两种固定支承的结构和尺寸都已标准化。 ( )

三、填空题

1. 采用布置恰当的__________限制工件六个自由度的法则,称为__________。

2. 工件以圆柱孔定位时常用的定位元件是__________和__________。

3. 在机床上对工件实现定位和夹紧这两个过程称为__________,能实现安装任务的工艺装备称为__________。

4. 在使用定位心轴对零件进行定位时,圆柱心轴可以限制工件__________个自由度,锥度心轴限制工件__________个自由度。

5. 工件用短圆柱销定位可限制__________个自由度,用菱形销定位可限制__________个自由度。

6. 机床夹具最基本的组成部分是__________、夹紧装置和__________。

7. 工件以粗基准定位时,粗基准平面常用的定位元件有__________和__________。

8. 夹紧装置中的中间传动机构是介于__________和__________之间的机构。

9. 机床夹具的作用主要有__________、__________、__________,以及降低对工人的技术要求、减轻工人的劳动强度。

10. 机床夹具按应用范围可分为__________、__________、__________和可调夹具。

11. 工件以平面定位常用的主要支承有__________、__________和自位支承三种。

12. 工件以外圆柱面定位常用的定位元件有__________、__________和半圆孔等。

13. 夹紧力的确定就是确定夹紧力的__________、__________和__________。

14. 对夹紧装置的基本要求有__________、__________、__________和使用性好。

15. 常见定位方式有____________________、____________________、工件以外圆面定位。

第四节　工件

一、选择题

1. 下列选项中，属于获得尺寸精度的方法是(　　)。

A. 轨迹法　　B. 成形法　　C. 调整法　　D. 展成法

2. 下列不属于影响零件机械加工精度的因素是(　　)。

A. 工艺系统的几何误差　　B. 工艺系统的力效应

C. 工艺系统的热变形　　D. 量具的制造误差

3. 下列选项中，属于加工原理误差的是(　　)。

A. 成形运动或刀刃近似轮廓误差　　B. 机床主轴的回转误差

C. 机床的导轨误差　　D. 夹具误差

4. 下列刀具中，刀具制造误差对加工精度影响最小的是(　　)。

A. 键槽铣刀　　B. 钻头　　C. 外圆车刀　　D. 拉刀

5. 下列因素中，对工件加工表面粗糙度没有影响的是(　　)。

A. 刀具几何形状　　B. 切削用量

C. 检测方法　　D. 工件材料

6. 下列选项中，对切削加工精度没有影响的因素是(　　)。

A. 切削速度　　B. 高精度夹具

C. 刀具　　D. 高精度量具

7. 下列选项中，属于获得相互位置精度的方法是(　　)。

A. 一次安装法　　B. 估算法

C. 经验法　　D. 分析计算法

8. 获得尺寸精度的方法不包括(　　)。

A. 定尺寸刀具法　　B. 试切法

C. 轨迹法　　D. 调整法

9. 下列孔加工方法中，属于定尺寸刀具法的是(　　)。

A. 车孔　　B. 磨孔　　C. 钻孔　　D. 镗孔

10. 下列选项中，属于成形车刀的是(　　)。

A. 弯头车刀　　B. 75°车刀

C. 90°偏刀　　　　D. 螺纹车刀

11. 下列选项中，不属于获得相互位置精度的方法是(　　)。

A. 直接找正法　　　　B. 划线找正法

C. 夹具定位法　　　　D. 主动测量法

12. 下列选项中，不属于表面层物理力学性能的是(　　)。

A. 表面波度　　　　B. 表面的冷作硬化

C. 加工表面层的金相组织变化　　　　D. 加工表面层的残余应力

二、判断题

1. 毛坯在制造过程中会产生内应力，在加工中不会。(　　)
2. 在机械加工中，不允许出现加工原理误差。(　　)
3. 工件的内应力不影响零件的加工精度。(　　)
4. 在切削加工中，内应力、切削热的影响大于切削力的影响。(　　)
5. 减少发热和隔热、改善散热条件、改进机床机构都是减少工艺系统受热变形的措施。(　　)
6. 表面的冷作硬化现象对提高零件使用性能和降低表面粗糙度都有利。(　　)
7. 零件表面的尺寸精度、形状精度和位置精度是相互关联的。(　　)
8. 机械加工中，使用试切法可以获得较高的形状精度。(　　)
9. 夹紧误差、多次调整的误差、残余应力引起的变形误差等都属于常值系统误差。(　　)
10. 实际几何参数与理想几何参数的偏离程度称为加工误差。加工误差越小，加工精度就越高。(　　)
11. 在加工一批工件中，其大小和方向不同且不规律变化的加工误差称为随机性误差。(　　)

三、填空题

1. 加工精度是评定零件质量的一项重要指标，一般情况下，__________高，相应的__________和位置精度也高。

2. __________是指零件加工后的实际几何参数与理想几何参数的符合程度，实际几何参数与理想几何参数的偏离程度称为__________。

3. 机械加工中，获得几何形状精度的方法有轨迹法、__________、__________。

4. 在机械加工过程中，通常按工件的结构特点和工艺过程的相似性，工件大体上分为__________、套类、__________类、齿轮类等。

5. 机械加工质量主要涵盖两个方面的内容，即__________和__________。

6. 平面的机械加工可以选择__________、__________、拉销或磨削等加工方法进行加工。

7. 零件加工表面质量包括表面__________和表面层__________。

8. 工件技术要求主要有__________、__________及其他表面质量要求；__________要求和其他方面要求。

9. 工件的加工精度包括__________、__________和__________三个方面。

10. 获得工件加工尺寸精度的方法有__________、__________、__________和主动测量法。

11. 工件在机床上定位的方法有__________、__________和夹具定位法。

12. 影响机械加工精度的因素有工艺系统的__________误差、工艺系统__________效应引起的误差、工艺系统__________变形引起的误差。

第四章　机械加工工艺规程

第一节　机械加工工艺规程概述

一、选择题

1. 下列选项中,不属于工艺规程主要内容的是(　　)。
   A. 工艺路线　　B. 各工序加工内容和要求
   C. 切削用量　　D. 加工设备的性能
2. 下列选项中,不属于工艺规程作用的是(　　)。
   A. 指导生产的主要技术文件
   B. 生产组织和生产管理的依据
   C. 产品验收的质量标准
   D. 新建工厂的技术文件
3. 机械加工工艺过程卡片是以(　　)为单位,简要说明整个零件加工所经过的工艺路线过程的一种工艺文件。
   A. 工序　　B. 工步　　C. 一次走刀　　D. 安装
4. 下列选项中,不属于制订机械加工工艺规程原则的是(　　)。
   A. 确保加工质量　　B. 基准统一原则
   C. 最低的生产成本　　D. 良好而安全的劳动条件
5. 制订工艺规程时,不必具备的原始资料是(　　)。
   A. 产品装配图　　B. 产品生产纲领
   C. 产品验收的质量标准　　D. 零件草图

二、判断题

1. 规定了一个工序中全部工步内容的工艺文件称为机械加工工艺过程卡。(　　)
2. 制订机械加工工艺规程的基本原则是确保最低的生产成本。(　　)
3. 制订工艺规程的原始资料有产品装配图、产品生产纲领和数控加工走刀路线图。(　　)
4. 拟定工艺路线是制订工艺规程的核心。(　　)

三、填空题

1. 机械产品的生产中,用来规定产品或零件________和________等的工艺文件称为机械加工工艺规程卡。

2. 制订工艺规程的原始资料有产品装配图和________、产品的生产纲领、________、现有的生产条件和资料,以及国内外同类产品的工艺资料。

3. 机械加工工艺规程的作用有________的主要技术文件、生产组织和生产管理的依据、新建工厂的技术文件、________。

4. 制订机械加工工艺规程的基本原则是在一定的生产条件下,确保________和________。

5. 拟定工艺路线的主要内容有选择零件表面的________、划分________、安排加工顺序和________等。

第二节　零件的工艺分析

一、选择题

1. 下列选项中,不属于零件图和产品装配图分析内容的是(　　)。

A. 熟悉产品性能、用途　　B. 审查图样正确性

C. 分析零件技术要求　　D. 确定切削用量

2. 零件的结构工艺性是指(　　)。

A. 零件结构对强度的影响　　B. 零件结构对加工可行性的影响

C. 零件结构对使用性的影响　　D. 零件结构对刚度的影响

3. 零件的结构特点决定它的(　　)。

A. 安装方式和加工方法　　B. 使用性能

C. 加工效率　　D. 加工成本

二、判断题

1. 零件的技术要求是加工表面的尺寸精度和几何形状精度。　(　　)

2. 编制工艺之前只需审查图样的视图是否正确、完整即可。　(　　)

3. 通过对零件技术要求进行分析,可以初步确定零件表面的加工方法和大致的工艺顺序。　(　　)

三、填空题

1. 零件工艺分析是指从________分析研究零件的结构特点、________等。

2. 零件的结构特点决定了它的__________和__________。

3. 零件的结构工艺性是指所设计的零件在满足使用要求的前提下,应便于__________和__________。

4. 分析零件的技术要求包括:加工表面的__________、__________、表面间__________、__________、热处理及其他要求等。

第三节　毛坯选择

一、选择题

1. 下列选项中,不属于锻件的是(　　)。

A. 自由锻　B. 模锻　C. 精锻　D. 焊接件

2. 选择毛坯制造方法时,首先考虑材料的(　　)。

A. 工艺特性　B. 经济性　C. 耐热性　D. 韧性

3. 箱体支架类零件常用毛坯是(　　)。

A. 锻件　B. 铸件　C. 型材　D. 焊接件

二、判断题

1. 铸件适用于形状结构较复杂的零件毛坯。(　　)

2. 轴类、盘类零件宜用铸件作为毛坯。(　　)

3. 毛坯的形状与零件的形状无任何关系。(　　)

4. 工程塑料在机械中的应用可以大大减少机械加工量。(　　)

5. 热轧型材适用于尺寸较小、精度较高的毛坯。(　　)

三、填空题

1. 机械零件常用毛坯种类有铸件、__________、__________、焊接件及其他毛坯。

2. 选择毛坯种类及制造方法时应考虑的因素有零件材料的__________、零件的__________及外形尺寸、__________的大小、现有__________,同时充分考虑采用新工艺、新技术的可能性。

3. 毛坯制造尺寸与相应零件加工尺寸的差值称为__________。

4. 选择毛坯主要是选定毛坯的__________及其__________。

5. 型材毛坯有__________和__________两种。

第四节　定位基准的选择

一、选择题

1. 制订工艺规程时，选择精基准的原则不包括(　　)。

A. 基准重合原则　　B. 基准统一原则

C. 自为基准原则　　D. 相互位置要求原则

2. 下列关于定位基准重复使用问题的说法，错误的是(　　)。

A. 精基准不要重复使用

B. 应避免重复使用粗基准

C. 同一方向的粗基准只准用一次

D. 若工件某一尺寸方向已有精基准可用，这个方向就不能再使用粗基准

3. 通常，粗基准允许使用(　　)。

A. 一次　　B. 二次　　C. 三次　　D. 四次

二、判断题

1. 一个箱体零件前后几个工序都以底平面作为定位基准，体现了精基准的“基准重合”原则。(　　)

2. 零件加工的第一道工序，只能用毛坯上未经加工的表面为定位基准，这种基准称为精基准。(　　)

3. 所选精基准应能保证工件定位准确，装夹方便，夹具结构简单实用。(　　)

4. 对于同时具有加工表面和不加工表面的零件，当必须保证其不加工表面与加工表面的相互位置精度要求时，应选择加工表面为粗基准。(　　)

5. 对于有多个加工表面的工件，粗基准的选择应能合理分配加工余量。(　　)

三、填空题

1. 定位基准分为__________和__________。

2. 精基准选择原则有__________、__________、自为基准原则、互为基准原则等。

3. 粗基准的选择主要考虑两个问题：一是合理分配各加工面的__________；二是保证工件表面与不加工表面的__________。

第五节　机械加工工艺路线的拟定

一、选择题

1. 先安排零件的装配基面和工作表面等主要表面的加工，后加工键槽、紧固用的光孔和螺纹孔等次要表面，这种零件加工顺序的安排体现了(　　)。

A. 先粗后精　　B. 基面先行

C. 先主后次　　D. 先面后孔

2. 下列加工顺序的安排中，不正确的是(　　)。

A. 基面先行　　B. 先孔后面

C. 先粗后精　　D. 先主后次

3. 经过下列哪种热处理后的零件宜选择磨削进行加工？(　　)

A. 淬火　　B. 回火　　C. 退火　　D. 调质

4. 划分加工阶段的原因不包括(　　)。

A. 保证加工质量　　B. 合理使用机床

C. 及时发现毛坯缺陷　　D. 降低工人技术要求

二、判断题

1. 机械加工工序的安排应遵循基准先行、先粗后精、先主后次和先孔后面的原则。(　　)

2. 单件小批量生产宜选用工序分散原则。(　　)

3. 所有金属表面的精加工均可采用磨削加工方法得到。(　　)

4. 退火和正火常安排在毛坯制备之后、粗加工之前。(　　)

5. 精加工阶段的主要任务是保证零件各主要表面达到图样规定的技术要求。(　　)

三、填空题

1. 加工阶段可划分为__________、__________、__________和__________。

2. 机械加工工序的安排原则有__________、__________、__________和__________。

3. 加工经济精度是指在正常的__________下所能保证的__________。

4. 选择表面加工方案时，一般是根据__________来确定，再结合实际情况或__________进行修改。

5. 在拟定工艺路线时，工序是集中还是分散主要取决于__________和零件的__________及技术要求。

第六节　加工余量和工序尺寸的确定

一、选择题

1. 在机械加工过程中，从加工表面上切除的金属层厚度称为(　　)。

A. 加工余量　　B. 毛坯余量

C. 工序余量　　D. 加工总余量

2. 大量生产时，确定加工余量的方法宜采用(　　)。

A. 分析计算法　　B. 经验估算法

C. 调整法　　D. 查表修正法

3. 下列选项中，不属于影响加工余量的因素是(　　)。

A. 前道工序表面粗糙层和缺陷层厚度

B. 本道工序的尺寸公差

C. 前道工序的几何误差

D. 本道工序的装夹误差

4. 下列选项中，不属于组成环的是(　　)。

A. 封闭环　　B. 增环

C. 减环　　D. 开启环

5. 目前工厂中广泛采用的确定加工余量的方法是(　　)。

A. 分析计算法　　B. 经验估算法

C. 调整法　　D. 查表修正法

6. 工序余量公差等于(　　)。

A. 上道工序尺寸公差与本道工序尺寸公差之和

B. 上道工序尺寸公差与本道工序尺寸公差之差

C. 上道工序尺寸公差与本道工序尺寸公差之差的二分之一

D. 上道工序尺寸公差与本道工序尺寸公差之和的二分之一

二、填空题

1. 加工余量分为________和________。

2. 确定加工余量的方法有________、________和________。

3. 工艺尺寸链的特征有________和________。

三、计算题

1. 批量生产如图所示的轴套零件，总长尺寸和阶台尺寸已加工好，现要在轴套上钻一径向孔，保证工序尺寸(10±0.1) mm，取轴套左端面为轴向定位基准，则计算出的调刀尺寸 A 为多少？

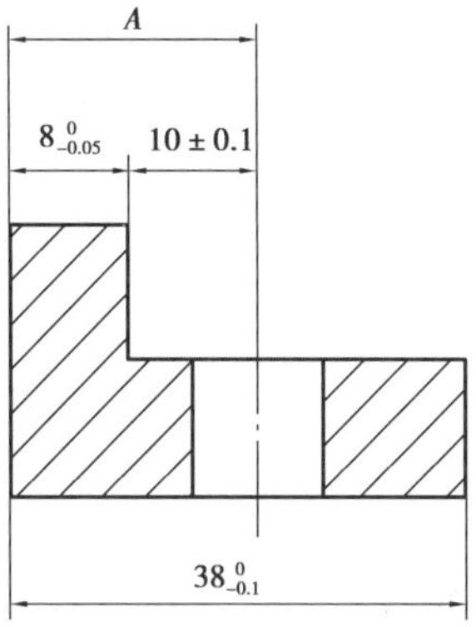

2. 如图所示的工件外圆、内孔及端面均已加工完毕，本工序加工 A 面，保证设计尺寸(8±0.1) mm。由于不便测量，现以 B 面作为测量基准，试求 A、B 面的测量尺寸及其偏差。

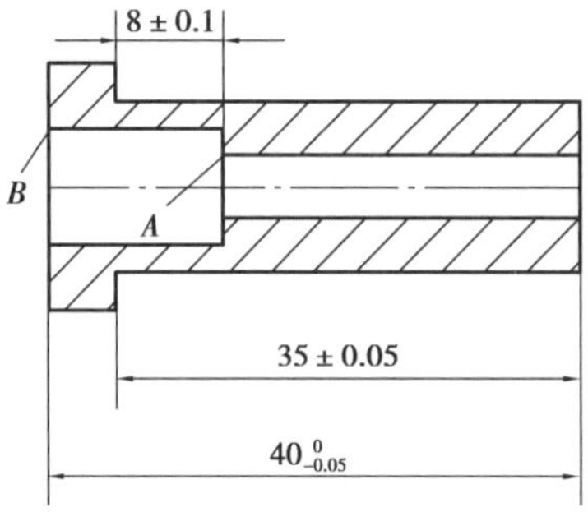

3. 如图所示的工件，$A_1 = 80^{0}_{-0.05}$ mm，$A_2 = (70±0.04)$ mm，$A_3 = 20^{+0.15}_{-0.05}$ mm，因 A_3 不便测量，试重新标出测量尺寸及其公差。

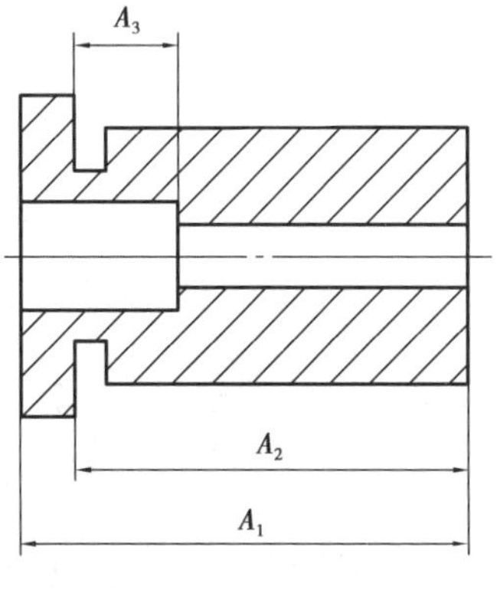

4. 如图所示的零件，孔 ϕD 的设计尺寸为 $A_0=(95\pm0.15)$ mm，设计基准是 C 孔轴线，已知 A 面、B 孔、C 孔已加工，其中 $A_1=265^{+0.12}_{0}$ mm，$A_2=70^{0}_{-0.05}$ mm，为使工件装夹方便，镗 ϕD 孔时以 A 面定位，按工序尺寸 A_3 加工，试求工序尺寸 A_3 及其上下偏差。

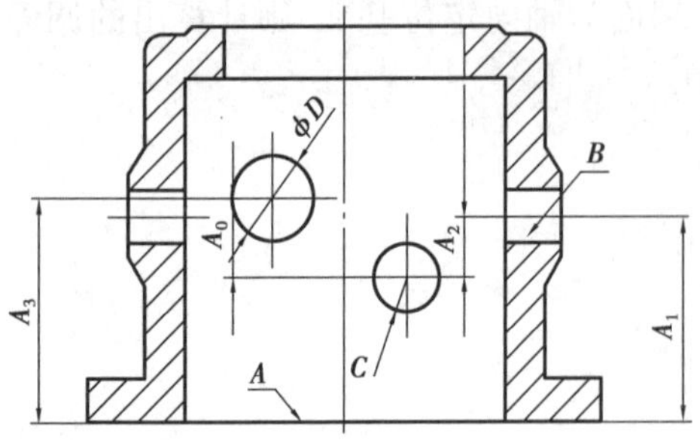

第七节　机床与工艺装备的选择

一、选择题

1. 下列哪项不是选择机床的注意事项？（　　）

A. 机床规格尺寸应与工件外廓尺寸相适应

B. 机床精度与工件要求精度相适应

C. 机床的生产效率与工件生产类型相适应

D. 选择的机床越贵越好

2. 下列哪项不是工艺系统的组成部分？（　　）

A. 机床　　B. 刀具　　C. 夹具　　D. 量具

3. 下列哪项不是加工过程中选择刀具需特别注意的内容？（　　）

A. 刀具价格　　B. 刀具规格

C. 刀具精度　　D. 刀具类型

二、判断题

1. 量具的选择与加工精度及生产类型没有关系。（　　）

2. 机床的选择要适合本厂的规模及实际加工情况。（　　）

3. 大批量生产中，应采用快速高效的夹紧装置。（　　）

三、填空题

1. 工艺装备包括__________、__________和 __________ 。

2. 选择机床时应注意机床的精度与__________相适应，机床的生产率应与

__________相适应。

3. 夹具的选择类型要与工件生产类型相适应，小批量生产一般选择__________夹具，大批量生产一般选择__________夹具。

4. 量具的选择，其精度应与加工精度相匹配，小批量生产时一般选择__________量具，大批量生产采用__________、__________等。

第八节　切削用量与工时定额的确定

一、选择题

1. 粗车工件外圆时，限制进给量提高的主要因素是(　　)。
A. 切削力　　B. 加工质量
C. 刀具耐用度　　D. 经济效益

2. 精加工工件外圆时，限制进给量提高的主要因素是(　　)。
A. 工艺系统刚度　　B. 切削温度
C. 表面粗糙度　　D. 机床功率

3. 车削工件外圆时，影响背吃刀量的因素是(　　)。
A. 切削速度和加工余量　　B. 机床功率和工艺系统刚度
C. 工艺系统刚度和加工余量　　D. 刀具寿命和机床功率

二、判断题

1. 精车外圆时，对工件表面质量影响最大的切削用量是切削速度。(　　)

2. 粗加工外圆时，选择切削用量的顺序是切削速度、进给量、背吃刀量。(　　)

3. 当背吃刀量和进给量确定后，在刀具寿命和机床功率允许的条件下选择合理的切削速度。(　　)

三、填空题

1. 制订切削用量的原则，是在保证__________、__________和__________的前提下使切削用量的乘积最大。

2. 确定粗加工背吃刀量时，在保留__________、__________余量的前提下，要尽可能将余量__________切除。

3. 制订切削用量，是在选择好__________和__________的基础上，确定背吃刀量、进给量和切削速度。

第五章　典型零件的加工

第一节　轴类零件加工

一、选择题

1. 下列选项中，属于常用外圆车刀主偏角角度的是（　　）。

A. 30°　　B. 40°　　C. 45°　　D. 50°

2. 国家标准规定梯形螺纹牙型角为（　　）。

A. 60°　　B. 30°　　C. 75°　　D. 90°

3. 精车端面时，切屑流向（　　）。

A. 待加工表面　　B. 已加工表面

C. 过渡表面　　D. 工件后面

4. 下列关于轴类零件装夹的说法，错误的是（　　）。

A. 三爪自定心卡盘能自动定心，装夹方便

B. 用两顶尖定位装夹工件方便，装夹精度高

C. 一夹一顶的装夹方式可承受较大的切削力

D. 中心架固定在滑板上，与刀架一起移动

5. 下列选项中，不属于切槽的是（　　）。

A. 切外沟槽　　B. 切端面直沟槽

C. 切内沟槽　　D. 切断

6. 一般轴类零件常选择的材料是（　　）。

A. 65Mn　　B. 45 钢　　C. 40Cr　　D. 20CrMoTi

7. 加工轴类零件上的普通平键槽常采用的方法是（　　）。

A. 车削　　B. 刨削　　C. 钻削　　D. 铣削

8. 轴类零件上沟槽的作用是在退刀或装配时保证零件有正确的（　　）。

A. 径向位置　　B. 轴向位置

C. 退刀位置　　D. 装配位置

9. 粗加工余量大且不均匀的轴类零件时，最好采用的装夹方式是（　　）。

A. 自定心卡盘　　B. 两顶尖装夹

C. 一端卡盘，一端顶尖　　D. 三爪卡盘

二、判断题

1. 车梯形螺纹时，为防止“扎刀”，建议用弹性刀杆。（　）

2. 轴类零件是指长度大于直径的回转体零件。（　）

3. 高速精细车是加工有色金属零件的主要方法。（　）

4. 轴类零件切断过程中如需要停车，应先退刀再停车。（　）

5. 精车端面时，为防止车刀横向退出时将端面拉毛，可以移动小滑板使车刀离开端面后再横向退出。（　）

6. 无心磨削是一种高生产率的精加工方法，工件需要钻中心孔。（　）

7. 四爪单动卡盘夹紧力大，效率高，使用方便。（　）

8. A 型中心钻主要用于多次装夹的零件。（　）

9. 车细长轴时应采用中心架或跟刀架支承工件。（　）

10. 梯形螺纹车刀的装夹，刀头的角平分线要平行于工件轴线。（　）

三、填空题

1. 与轴承配合的轴段称为__________，其精度和__________一般要求较高。

2. 轴类零件最常用的毛坯是__________和__________。

3. 根据生产规模的不同，毛坯的锻造方式有__________和__________两种。

4. 轴类零件的技术要求通常有__________、__________、__________、__________方面。

5. 外圆车削工艺范围很广，可以划为__________、__________、__________、__________、__________。

6. 精车一般作为__________工序或者作为__________的预加工。

7. 车端面时，__________随刀具横向的切入而变化，选用时应根据工件__________来确定。

8. 外圆车刀装夹在刀架上，伸出部分应尽量短，为刀柄厚度的__________倍；车刀刀尖与主轴中心__________。

9. 中心孔在轴类零件的__________及__________中经常用作定位。

10. 车削加工中，切槽的种类分为__________、__________、__________。

11. 轴类零件外圆表面的磨削加工常用的有__________和__________两种方式。

12. 无心磨削的磨削方式有__________和__________两种。

13. 切削加工时，工件必须在机床夹具中__________和__________，使它在切削过程中保持正确位置。

14. 传动轴加工，调质热处理工序放在__________之后，保证一定的__________要求。

15. 切槽刀安装后，刀尖应与__________等高，主切削刃__________于工件轴线，两副偏角相等。

第二节 套类零件加工

一、选择题

1. 加工孔径小于 50 mm 的孔，最优方案是(   )。

A. 钻—扩—铰　　B. 钻孔后镗

C. 直接磨削　　D. 拉削

2. 下列选项中，不属于套类零件特点的是(   )。

A. 零件长度一般大于直径　　B. 零件壁较薄、易变形

C. 内外表面同轴度要求较高　　D. *L/D* 长径比大于 30

3. 错齿内排屑钻头适用的深孔直径为(   )。

A. 35 mm 以下　　B. 15 ~ 180 mm

C. 200 mm 以下　　D. 100 ~ 180 mm

4. 为保证尺寸较小轴套的高位置精度，宜采用(   )。

A. 先加工孔　　B. 软爪装夹

C. 先加工外圆　　D. 一次装夹完成加工

5. 孔径较大的套筒常采用的毛坯是(   )。

A. 实心铸件　　B. 冷拉棒料

C. 热轧棒料　　D. 无缝钢管

6. 铰刀的前角一般为(   )。

A. 5°　　B. 10°　　C. 15°　　D. 0°

7. 深孔一般是指长径比大于(   )的孔。

A. 2　　B. 3　　C. 5　　D. 10

8. 相互位置精度中，套类零件的内外圆表面要求较高的是(   )。

A. 平行度　　B. 垂直度

C. 同轴度　　D. 圆柱度

9. 下列孔加工方法中，效率最高的是(   )。

A. 拉孔　　B. 钻孔　　C. 镗孔　　D. 磨孔

二、判断题

1. 钻孔前应先加工端面，以保证端面与钻头轴心线垂直。　(   )

2. 研磨是一种既简单又可靠且最早出现的精加工方法。　(   )

3. 磨孔时应采用较软的砂轮。　(   )

4. 铰孔不能纠正孔的位置精度。　(   )

5. 机用铰刀不可倒转，以免崩刃。（　　）

6. 扩孔的加工质量和生产率均比钻孔低。（　　）

7. 钻小孔或深孔时应采用较小的进给量。（　　）

8. 拉孔为自为基准加工，能提高孔的位置精度。（　　）

9. 滚压的加工材料一般是塑性金属，不能加工淬硬材料和铸铁。（　　）

10. 磨孔是对淬火钢套零件精加工的主要方法。（　　）

11. 珩磨可以修正孔的位置精度和孔轴线的直线度。（　　）

三、填空题

1. 孔是套类零件起__________或__________作用的主要表面。

2. 外圆是套类零件的支承面，常以__________或__________同箱体或机架上的孔相连接。

3. 套类零件外圆表面加工，根据精度要求可选择__________和__________的加工方法。

4. 孔径较小时，大多采用__________的加工方案；孔径较大时，大多采用钻孔后镗孔或__________的加工方案。

5. __________是用钻头在实体材料上加工孔的一种方法，钻孔常用的刀具是__________。

6. 麻花钻由__________、__________和工作部分组成，工作部分由__________和__________两部分组成。

7. 深孔钻的结构必须解决__________、__________和导向三个问题。

8. 扩孔可以纠正被加工孔的__________歪斜。

9. 按使用方法不同，铰刀可分为__________和__________。

10. 铰刀的工作部分包括__________和__________。

11. 镗孔适合于__________表面的加工，磨孔是对__________套类零件进行精加工的主要方法。

12. 双刃镗刀可分为__________和__________。

13. 套筒零件孔的精密加工有__________、__________、__________、__________。

14. 麻花钻的工作部分由__________和__________组成。

第三节　箱体类零件加工

一、选择题

1. 加工箱体时，基准的选择通常优先考虑的原则是（　　）。

A. 互为基准　　B. 自为基准
C. 基准统一　　D. 基准分散

2. 箱体零件平面精加工的方法是(　　)。
A. 铣削　　B. 磨削　　C. 车削　　D. 刨削

3. 下列选项中,不属于刨削加工特点的是(　　)。
A. 加工质量中等　　B. 生产率低
C. 加工时可用煤油作为切削液　　D. 加工成本高

4. 整体式圆柱铣刀的材料一般为(　　)。
A. 高速钢　　B. 硬质合金
C. 碳素合金钢　　D. 金刚石

5. 下列选项中,不属于平面磨削的工艺特点的是(　　)。
A. 加工质量高　　B. 生产效率高
C. 磨削温度高　　D. 不能加工高硬度材料

6. 在成批大量生产中,箱体上的同轴孔一般采用的加工方法是(　　)。
A. 镗模法　　B. 找正法
C. 坐标法　　D. 导向法

7. 对箱体上的轴承孔进行精加工,可使用的机床设备是(　　)。
A. CA6132　　B. X6132
C. Z3040　　D. TP619

8. 钻削箱体工件上的一组平行孔宜采用(　　)。
A. 台式钻床　　B. 立式钻床
C. 摇臂钻床　　D. 任意一种钻床

9. 成批生产中,常用的铣床夹具是(　　)。
A. 平口虎钳　　B. 分度头
C. 回转工作台　　D. 专用夹具

10. 矩形截面的中小型工件常用的夹具是(　　)。
A. 平口虎钳　　B. 分度头
C. 回转工作台　　D. 专用夹具

二、判断题

1. 箱体类零件常选用铸铁材料为毛坯。(　　)

2. 主轴箱的加工是按先孔后面的顺序进行的。(　　)

3. 因为箱体的结构形状复杂,主要表面精度高,粗精加工同时进行,有利于保证箱体零件的加工精度。(　　)

4. 刨削加工切削速度低,有冲击和振动现象。(　　)

5. 刮研平面用于淬硬的工件,能获得较高形状精度和位置精度。(　　)

6. 用镗模法加工孔系不可能达到很高的加工精度。 ( )

7. 用镗模法加工孔系只能在通用机床上加工。 ( )

8. 箱体主要平面的相互位置精度主要有平面之间或平面对轴线的平行度、垂直度和倾斜度。 ( )

9. 刮削是利用刮刀刮除工件表面薄层金属的加工方法，是光整加工的一种。 ( )

10. 箱体上一系列有相互位置精度要求的轴承支承孔称为“孔系”。 ( )

11. 加工箱体的大平面，通常在刨床或铣床上进行。 ( )

12. 铣削时，每个刀齿断续地进行切削，极易产生振动。 ( )

三、填空题

1. 箱体类零件是__________及其__________的基础部件之一。

2. 箱体类零件的加工质量对机器的精度、__________和__________都有直接影响。

3. 镗床夹具的主要类型有双支承镗模、__________和__________。

4. 铸铁毛坯在单件小批生产时，一般采用__________造型；在大批量生产时，一般选用__________造型。

5. 箱体类零件主要加工表面是__________和__________平面。

6. 箱体零件加工的主要工艺问题是如何保证加工表面的__________和__________，孔系之间、孔与装配基准面之间的距离__________和__________。

7. 平面刨削加工时，单件小批量生产的小平面一般在__________上加工，大批量生产在__________上加工。

8. 箱体零件平面的粗加工和半精加工，主要采用__________和__________的加工方法。

9. 圆柱铣刀根据加工要求不同有__________和__________之分。

10. 小直径面铣刀一般用__________制成整体，大直径面铣刀是在刀体上装焊接式__________刀头。

11. 三面刃铣刀有__________和__________两种，后者能改善两侧的切削性能。

12. 用铣刀圆周面上的刀齿加工平面，称为__________；用面铣刀的端面刀齿加工平面，称为__________。

13. 平面磨削的方法有__________和__________两种。

14. 箱体上的孔不仅本身的精度要求高，而且__________精度和__________精度要求也非常高。

15. 箱体上孔系可分为__________、__________和交叉孔系。

16. 生产中常用的平行孔系加工方法是__________、__________和坐标法。

17. 铣床专用夹具一般有__________和__________两种。

18. 箱体在夹具中的定位，常用“一面两孔”的定位方法，其中一面限制了工件

_________个自由度,一个主孔限制工件_________个自由度,另一个孔限制了工件_________个自由度,这种定位方法属于_________定位。

第四节 齿轮加工

一、选择题

1. 对于小直径连轴齿轮,常选用的定位基准是( )。

A. 端面 B. 中心孔 C. 外圆 D. 台阶

2. 铣齿加工时,使用的夹具是( )。

A. 台虎钳 B. 平口虎钳

C. 卡盘 D. 分度头

3. 在滚齿机上加工齿轮使用的方法是( )。

A. 成形法 B. 滚齿法

C. 展成法 D. 啮合法

4. 下列选项中,不属于剃齿加工具备的运动的是( )。

A. 剃齿刀高速正反转运动 B. 工件往复运动

C. 让刀运动 D. 刀具径向进给运动

5. 珩齿加工的原理与什么加工相同?( )

A. 磨齿 B. 剃齿 C. 铣齿 D. 插齿

6. 目前齿轮加工方法中,加工精度最高的是( )。

A. 磨齿 B. 剃齿 C. 铣齿 D. 插齿

7. 5 级以上精度、淬硬(未淬硬)齿轮均采用的加工方法是( )。

A. 磨齿 B. 剃齿 C. 铣齿 D. 插齿

8. 齿轮的毛坯一般选用( )。

A. 锻件 B. 铸件 C. 焊接 D. 都可以

9. 齿坯加工过程中,一般安排预先热处理( )。

A. 正火 B. 回火 C. 退火 D. 淬火

10. 直齿圆柱齿轮剃齿加工,剃齿刀的螺旋角度为( )。

A. 5° B. 10° C. 15° D. 20°

二、判断题

1. 大批量生产的盘类齿轮,齿坯加工应尽量采用通用机床。 ( )

2. 齿端加工必须在淬硬后进行,一般安排在滚齿或插齿后。 ( )

3. 成形法铣削齿轮的优点是不需要专用设备,在通用机床上加工即可。 ( )

4. 剃齿是一种粗加工齿轮的方法。 (　　)

5. 剃齿加工中,加工余量越大越好。 (　　)

6. 珩齿用于淬火后齿轮的精加工,加工精度可达 6 ~ 7 级。 (　　)

7. 8 级或 8 级精度以下的淬火齿轮采用滚齿——齿端加工的加工方案。 (　　)

8. 齿轮传动时,要求工作面留一定的间隙,用于储存润滑油。 (　　)

9. 滚刀的旋转运动为主运动,滚刀的线速度是滚齿的切削运动。 (　　)

10. 插齿广泛应用于内、外啮合齿轮。 (　　)

三、填空题

1. 圆柱齿轮的功用是按规定的速比传递_________和_________。

2. 圆柱齿轮的结构可分成_________和_________两部分。

3. 齿轮的传动精度包括_________、_________、_________和齿侧间隙四个方面。

4. 齿轮的毛坯一般选择锻件,锻造后的毛坯经过_________和_________,可以获得较高的强度。

5. 圆柱齿轮的加工工艺可以分为_________和_________两部分。

6. 齿轮设计时,为保证传动精度,齿轮的设计基准大多与_________重合,工艺中应本着_________的原则。

7. 齿形加工方案的选择,依据齿轮的精度等级、_________ 和_________确定。

8. 齿轮的齿形加工分为_________和_________两大类。

9. 齿形的切削加工原理可分为_________和_________。

10. 铣齿是在_________机床上,用与齿轮齿槽形状完全相符的_________加工出齿形的方法。

11. 为了加工出所需的准确齿廓,应使滚刀的_________方向与齿轮的_________一致。

12. 标准的直齿插齿刀分为盘形插齿刀、_________和_________三种类型。

13. 滚齿工件定位时,要求齿坯_________中心和_________中心重合。

第六章　机械装配工艺基础

第一节　机械装配概述

一、选择题

1. 按规定技术要求，将零件、组件和部件进行连接，使之成为半成品或成品的工艺过程称为(　　)。

A. 配合　　B. 连接　　C. 装配　　D. 部装

2. 机械制造过程中的最后一个阶段是(　　)。

A. 安装　　B. 连接　　C. 包装　　D. 装配

3. 下列选项中，属于可拆卸连接的是(　　)。

A. 螺纹联接　　B. 焊接

C. 铆接　　D. 过盈联接

4. 配合表面、接触表面和连接表面达到规定的接触面积与接触点的分布情况，指的是(　　)。

A. 配合精度　　B. 距离精度

C. 接触精度　　D. 相对运动精度

二、判断题

1. 任何机器都是由若干零件、组件和部件组成的。(　　)

2. 装配的内容只包括零部件的装配与连接的过程。(　　)

3. 零部件的校正、调整与配作也属于装配的内容。(　　)

4. 零件的清洗一般可以用煤油、汽油、碱液及各种化学清洗液。(　　)

5. 装配时必须对有关旋转零件进行平衡，必要时还需对整机进行平衡。(　　)

6. 装配组织的好坏对装配效率的高低没有影响。(　　)

7. 移动式装配划分装配工序较细，生产效率高，多用于单件小批量。(　　)

8. 装配精度并不完全依赖于零件的加工精度，还取决于装配工艺。(　　)

9. 装配精度包括零部件的配合精度、距离精度和接触精度。(　　)

10. 车床主轴的径向圆跳动属于相互位置精度。(　　)

三、填空题

1. 将零件、组件和部件进行__________，使之成为半成品或成品的工艺过程称为__________。

2. 装配工作的基本内容包括__________、__________、__________、__________和__________。

3. 连接方式一般有__________和__________两种。

4. __________是指产品中相关零部件间的相互位置的找正、找平，并通过各种调整方法保证达到装配精度要求。

5. 平衡的方法分为__________和__________两种。

6. 装配的组织形式有__________和__________两种。其中__________是固定在某一工作地装配，适用于单件小批量生产的产品。

7. 装配精度是装配工艺的质量指标，它包括零部件的__________、__________、__________、__________和__________等。

8. 零部件的__________精度是指配合面间达到规定的间隙或过盈要求。

第二节　装配尺寸链

一、选择题

1. 装配尺寸链中的封闭环是(　　)。

A. 精度要求最高的环　　B. 装配精度

C. 尺寸最小的环　　D. 尺寸为零的环

2. 下列说法中，错误的是(　　)。

A. 建立装配尺寸链，环数越多越好

B. 对线性装配尺寸链来说，每个零件只能有一个尺寸参加装配尺寸链

C. 装配精度要求较高时，组成环中除了长度尺寸环还有几何公差环

D. 不同方向都有装配精度要求时，应按不同方向分别建立尺寸链

3. 下列选项中，不属于建立装配尺寸链时所遵循的原则的是(　　)。

A. 简化原则　　B. 最短路线原则

C. 精度原则　　D. 先粗后精原则

4. 封闭环公差确定后，组成环越多，则每一环的公差就(　　)。

A. 为零　　B. 不变　　C. 越大　　D. 越小

二、判断题

1. 装配过程中，建立应用的尺寸链称为装配尺寸链。　　(　　)

2. 装配尺寸链的封闭环一定是产品的某一装配精度。 (　　)

3. 装配精度只需要在装配前确定好零件精度就能测量。 (　　)

4. 装配尺寸链的组成环就是与封闭环相关的尺寸环。 (　　)

5. 建立装配尺寸链时，在保证装配精度的前提下，影响小的可以忽略。 (　　)

6. 装配尺寸链中的反计算一般应用于已有产品装配图，已知组成环，求封闭环。 (　　)

三、填空题

1. ________只有机械产品装配后才能测量。

2. 建立装配尺寸链的原则有________、________、________、________四个。

3. 画尺寸链时，应以________为基准，从尺寸一端出发，一一把组成环连起来，直到封闭环的另一端为止，这就是________的原则。

4. 装配尺寸链的应用包括两个方面：已知组成环，求封闭环，称为________；在产品设计阶段，已知装配精度，确定组成环的尺寸及公差，称为________。

5. 装配尺寸链的计算方法只有两种：________和________。常用的是________。

第三节　保证产品装配精度的方法

一、选择题

1. 下列关于装配方法的说法，错误的是(　　)。

A. 汽车、拖拉机、缝纫机的制造常采用完全互换法

B. 中小型柴油机的活塞与钢套的生产常采用分组装配法

C. 六角车床主轴对刀架刀具孔进行“自镗”时，常采用修配法

D. 滚动轴承的内外圈及滚子装配常采用调整法

2. 常用于机床和仪表等生产节拍不是很严格的装配方法是(　　)。

A. 完全互换法　　B. 不完全互换法

C. 直接选配法　　D. 单件修配法

3. 下列关于分组选配的说法，错误的是(　　)。

A. 公差要同方向增大，增大的倍数应大于分组数

B. 配合件的表面粗糙度和形状公差应与分组公差相适应

C. 可降低对组成环的加工要求，而不降低装配精度

D. 分组的组数受表面粗糙度和形状公差限制

二、判断题

1. 完全互换法是装配方法中比较理想和先进的装配方法。 ( )

2. 成批或大量生产中，当组成环的数目不多，而装配精度要求很高时，可采用选配法进行装配。 ( )

3. 封闭环公差要求较严而组成环又较多的装配尺寸链，可用调整法达到要求。 ( )

4. 修配法适用于大批量生产。 ( )

5. 直接选配法适用于大批大量的流水线上装配。 ( )

三、填空题

1. 生产实际中确保装配精度的方法有__________、__________、修配法和__________四种。

2. 调整法常见的有________、________和________。

3. 选配法的种类有________、________和________。

第四节 典型零部件的装配

一、选择题

1. 下列关于螺纹联接的说法，错误的是( )。

A. 螺纹联接是一种可拆联接

B. 螺纹联接应能用手自由旋入，螺母与零件贴合平整

C. 装配成组螺钉、螺母时，应按一定顺序一次拧紧

D. 可加弹簧或止推垫片防松

2. 下列说法中，错误的是( )。

A. 一般用键联接来传递运动及转矩

B. 销联接主要用于传递运动

C. 销按形状分为圆柱销和圆锥销

D. 常采用套筒、锤子或压力机装配滚动轴承

3. 下列选项中，属于过盈量较大的装配方法是( )。

A. 压装法　　B. 热装　　C. 冷装　　D. 液压套装

4. 下列关于滚动轴承装配的说法，错误的是( )。

A. 装配时绝不允许轴承滚动体受力

B. 轴承标记在可见部位

C. 装配时要清洗轴承部件

D. 常温条件下工作温升小于 80 ℃

5. 下列选项中,不属于成型填料密封装配形状的是(　　)。

A. U 形　　B. X 形　　C. V 形　　D. O 形

二、判断题

1. 键联接中,键底面与键槽底部接触,键两侧配合绝对不允许松动。　(　　)

2. 在销联接装配中,销轴与孔配合的间隙不能太大。　(　　)

3. 在装配过程中,我们可以通过装配单元系统图来了解装配过程。　(　　)

三、填空题

1. 将若干零件、组件装配在一个基础零件上形成一个独立部分的操作称为__________。例如:__________、__________。

2. 将若干零件、组件及部件装配在一个基础上形成功能完整的产品的操作称为__________。例如:______________________________。

3 将若干零件结合成部件或若干零件和部件结合成机器的过程称为__________。

第七章　设备的维护

第一节　设备的使用和维护保养制度

一、选择题

1. 定人、定机的规定必须严格实行的是(　　)。

A. 定人　　B. 定机　　C. 定期　　D. 凭证使用设备

2. 日例保由设备操作工人当班进行，下列不属于班前四件事的是(　　)。

A. 消化图样资料　　B. 擦拭设备

C. 检查手柄位置　　D. 注意运转声音

3. 下列选项中，不属于周例保内容的是(　　)。

A. 关闭开关　　B. 操纵传动

C. 液压润滑　　D. 电气系统

4. 下列选项中，不属于"三好"内容的是(　　)。

A. 管好　　B. 看好　　C. 用好　　D. 修好

二、判断题

1. 定机的机种型号应根据工人的技术水平和工作责任心，并经考试合格后确定。(　　)

2. 学徒工(或实习生)必须经过技术理论学习后，师傅认为该学徒工(或实习生)已懂得正确使用设备和维护保养设备时，方能单独操作设备。(　　)

3. 二级保养是以操作工人为主，维修工人为辅。(　　)

4. 会使用是指熟悉设备的结构、技术性能和操作方法，懂得加工工艺。(　　)

5. 整齐是指设备内外清洁，各部位无油垢、无碰伤、不漏水、不漏油，垃圾切屑清扫干净。(　　)

三、填空题

1. 生产设备的使用要实行__________、__________、__________的制度。

2. 设备的日常维护保养一般有__________和__________，又称__________和__________。

3. 设备的三级保养制分为__________、__________和__________。

4. 一级保养是以__________为主，__________协助。

5. 操作工人对设备要做到的“四会”是指__________、__________、__________和__________。

6. 维护设备的“四项要求”是指__________、__________、__________和__________。

第二节　设备操作维护规程与完好标准

一、选择题

1. 下列选项中，不属于设备操作维护规程编制原则的是(　　)。

A. 力求内容精练、重点突出、全面实用

B. 编制设备操作注意事项与维护时无须区分设备类型

C. 各类设备具有共性的项目，可统一编制通用规程

D. 重点、高精度、关键设备的操作维护规程，要设置醒目的标牌

2. 使用顶尖顶重型工件，顶尖伸出部分不得超过全长的(　　)。

A. 1/3　　B. 1/2　　C. 2/3　　D. 1/4

3. 下列选项中，不属于高速切削时必须注意的是(　　)。

A. 安装切削罩　　B. 使用跟刀架

C. 要有断屑装置　　D. 使用回转顶尖

二、判断题

1. 机械加工中，有离合器的设备，开始时应将离合器脱开，使电动机轻负荷起动。(　　)

2. 操纵倒车时，要先停车再反向，变速时一定要停车变速，以免打伤齿轮及机件。(　　)

3. 铣削工件和自动走刀时都无须使用定位保险装置。(　　)

4. 粗车工件时，不能吃刀停车，停车时应将车刀退回。(　　)

5. 车削过程中，停车时应先停主轴后退刀。(　　)

6. 普通车削走刀时也可使用丝杠。(　　)

7. 车削工件时，如发现工件夹紧后不正，可直接敲打校正。(　　)

8. 车削工件时，如使用自动走刀，应先检查互锁或自停机构是否正确灵敏。(　　)

9. 机床发生故障或不正常现象时，应立即停机排除。(　　)

10. 车削工件完毕后，应将各手柄放在工作位置。(　　)

11. 检查油池、油箱中的油量是否充足，油路是否畅通，并按润滑图表规定做好润滑

工作。　(　　)

12. 发现手柄失灵或不能移至所需位置时,应先扳动。　(　　)

13. 开动机床时,必须盖好电器箱盖,不允许油、水、铁屑、污物进入电动机或电器装置内。　(　　)

14. 为了提高生产率,可以超性能、超负荷使用设备。　(　　)

15. 做好交接班工作,交班时一定要向接班人交代清楚设备的运转使用情况。　(　　)

第三节　设备维修的修理类别

一、选择题

1. 下列选项中,不属于设备维修方式的是(　　)。

A. 预防维修　B. 改善维修
C. 定期维修　D. 事后维修

2. 下列选项中,不属于修理类别的是(　　)。

A. 大修　B. 项修　C. 小修　D. 改善维修

3. 根据掌握的磨损规律,更换或修复在修理间隔期内失效或即将失效的零件,属于(　　)。

A. 大修　B. 项修　C. 小修　D. 改善维修

二、判断题

1. 定期维修是一种以时间为基础的预防维修方式。　(　　)

2. 改善维修不是预防维修的一项重要内容。　(　　)

3. 大修是根据设备的实际技术状态,对状态劣化已达不到生产工艺要求的项目,按实际需要进行针对性的修理。　(　　)

4. 设备的小修是工作量最小的一种计划修理。　(　　)

5. 按事先规定的计划和相应的技术要求所进行的维修活动,称为预防维修。　(　　)

三、填空题

1. 预防维修的方式有__________和__________两种。

2. 设备维修方式可分为__________、__________和__________。

3. 预防维修的修理类别有__________、__________、__________和__________。

第四节 设备维修工艺基础

一、选择题

1. 下列选项中,不属于机械设备拆卸的一般原则的是(　　)。

A. 根据机械设备的结构特点,选择合理的拆卸步骤

B. 了解机械设备的结构、性能和工作原理

C. 合理拆卸

D. 正确使用拆卸工具和设备

2. 如果螺钉的断头露在机体表面外一部分时,可以采用以下哪个方法进行拆卸?(　　)

A. 在螺钉上钻孔,打入多角淬火钢杆,将螺钉拧出

B. 在螺钉中心钻孔,攻反向螺纹,拧入反向螺钉旋出

C. 用电火花在螺钉上打出方形或扁形槽,再用相应的工具拧出螺钉

D. 在螺钉的断头上用钢锯锯出沟槽,然后用一字螺钉旋具将其拧出

二、判断题

1. 在清洗机械设备外部之前,应预先拆下或保护好电气设备,以免受潮损坏。(　　)

2. 机械设备中有许多配合的组件和零件,因为经过选配或重量平衡等原因,装配的位置和方向均不允许改变。(　　)

3. 为了提高传动链精度,对传动比为 2 的齿轮副通常采用误差相消法装配。(　　)

4. 螺纹联接在机械设备中是使用最为广泛的联接方式,它具有结构简单、调整方便和多次拆卸装配等优点。(　　)

5. 断头螺钉较粗时,可用扁錾子沿圆周剔出。(　　)

6. 拆卸机械设备时,处于难拆部位的螺纹件要后拆卸下来。(　　)

7. 拆卸尺寸较大的轴承或其他过盈配合件时,为了使轴和轴承免受损害,要利用加热来拆卸。(　　)

8. 机械拆卸的目的是便于检查和修理机械零部件。(　　)

9. 拆卸螺纹联接件时,尽量使用活扳手。(　　)

10. 焊接件和铆接件属于永久性连接,通常不拆卸。(　　)

第五节　判断、分析和排除设备常见故障的方法

一、选择题

1. 下列选项中,不属于故障分析与故障排除程序的是(　　)。

A. 关闭机床　　B. 修理或更换

C. 进行性能测定　　D. 记录并反馈

2. 下列选项中,不属于设备诊断技术内容的是(　　)。

A. 了解设备的现状　　B. 了解异常和故障的原因

C. 有预知、预测未来的技术　　D. 了解设备的过去

二、判断题

1. 设备的突发性故障是各种不利因素以及偶然的外界影响共同作用而产生的。(　　)

2. 设备故障按照发生状态可分为渐发性故障和突发性故障。(　　)

3. 设备的突发性故障多发生在设备中期使用阶段。(　　)

4. 设备的多次停机解体会造成设备的过度维修和精度下降。(　　)

5. 大部分机器的故障都属于突发性故障。(　　)

三、填空题

1. 设备故障按故障发生状态分为__________和__________两种。

2. 设备诊断技术包括:一是诊断设备技术状态的__________;二是为了__________,由专门人员实施的__________。

第八章　先进加工技术简介

第一节　机械零件的精密加工技术

一、选择题

1. 在超精密切削中，对刀具寿命影响最大的因素是（　　）。

A. 切削速度　　B. 工艺系统的振动

C. 加工工件的材料　　D. 高温的加工环境

2. 精密磨削后，工件表面粗糙度值达到以下哪个范围？（　　）

A. $R_a 0.02 \sim 0.04\ \mu m$　　B. $R_a 0.04 \sim 0.16\ \mu m$

C. $R_a 0.2 \sim 0.8\ \mu m$　　D. $R_a < 0.16\ \mu m$

3. 下列选项中，不属于研磨剂组成部分的是（　　）。

A. 磨料　　B. 研磨液　　C. 磨粒　　D. 辅料

4. 下列选项中，不属于电子束加工特点的是（　　）。

A. 可以直接对各种脆、硬、韧性金属材料和非金属材料进行无应力加工

B. 可以加工长径比达几十倍的深孔

C. 适于加工狭缝、异性孔、不通孔、弯孔等

D. 具有强度高、亮度大、方向性好的特点

二、判断题

1. 超精加工技术现在已经被广泛应用于航天、微电子等尖端科学领域，成为现代制造技术的前沿技术。（　　）

2. 研磨加工要求研磨运动轨迹均匀、不重复。（　　）

3. 离子束加工必须在真空条件下进行。（　　）

4. 集成电路的制作多采用电子束来曝光。（　　）

三、填空题

1. 精密加工是指__________和__________达到很高精度的加工工艺。

2. 金刚石在小刀头上的固定方法有__________、粉末冶金烧结固定法、粘结和__________。

3. 研磨加工方法通常有__________、__________和磁性研磨。

4. 微细加工技术主要指随半导体集成电路制造技术而发展起来的电子束、__________和__________加工技术。

第二节　机械零件的特种加工技术

一、选择题

1. 下列加工方法中，产生力最小的是（　　）。

A. 车削　　B. 铣削　　C. 磨削　　D. 电火花

2. 电火花成形机床的主要加工对象是（　　）。

A. 木材　　B. 塑料　　C. 陶瓷　　D. 金属等导电材料

3. 下列液体中，最适宜作为电火花加工的工作液的是（　　）。

A. 汽油　　B. 矿泉水　　C. 煤油　　D. 自来水

4. 电火花加工过程中，工具电极和工件被加工表面之间的间隙为（　　）。

A. 0.1 mm　　B. 1 mm　　C. 0.1 μm　　D. 10 μm

5. 下列选项中，不属于激光可以加工的材料是（　　）。

A. 硬质合金　　B. 塑料　　C. 有机玻璃　　D. 陶瓷

6. 下列关于激光加工特点的说法，不正确的是（　　）。

A. 加工范围广　　B. 适合于精密加工

C. 加工速度快、效率高　　D. 加工过程中无机械切削力和切削热。

二、判断题

1. 电火花加工型腔比穿孔容易操作。（　　）

2. 电火花成形机床周围必须严禁烟火，并应配备适合油类的灭火器，并保持室内空气流通顺畅。（　　）

3. 电火花加工应用广泛，可以加工盲孔和阶梯孔类零件表面。（　　）

4. 超声加工适用于硬脆材料和韧性材料。（　　）

5. 超声加工中，过大的振幅和过高的频率会使工具和变幅杆产生大的内应力。（　　）

6. 激光加工不需要加工工具，是非接触加工，工件不受明显的切削力，可对刚性差的薄壁零件进行加工。（　　）

7. 激光雕刻是激光加工中应用最广的一种。（　　）

三、填空题

1. 一般电火花加工的电源应选择__________，目前都采用新型的__________。

2. 电火花加工的工作液主要采用油类介质，粗加工一般采用介电性能好的__________，精加工采用黏度小、渗透性好的__________。

3. 电火花加工可用于电火花__________加工、电火花__________加工和电火花__________加工。

4. 电解加工在机械工业中早已被用来实现__________和__________。

5. 利用电解加工原理，可进行__________和__________加工。

6. 电解磨削是__________与__________作用结合的一种复合加工方法。

7. 超声加工适合加工__________材料，材料越脆，承受冲击载荷的能力__________，__________被冲击碎除，加工速度__________。

8. 激光与普通光源相比，具有高方向性、__________、__________和能量高度集中等特点。

第三节　成组工艺和 CAPP

一、选择题

1. 成组加工中的分组编码所用的代号类型有(　　)。

A. 数字　　B. 字母　　C. 符号　　D. 以上类型都有

2. 零件的成组编码是(　　)。

A. 根据零件图号得到的　　B. 根据零件相似性得到的

C. 根据零件的型面特征得到的　　D. 根据零件的分类编码系统得到的

3. CAPP 主要可以分为以下类型：派生型 CAPP、创成型 CAPP、综合型 CAPP、交互型 CAPP 和(　　)。

A. 智能型 CAPP　　B. 离散型 CAPP

C. 搜索型 CAPP　　D. 推理型 CAPP

二、判断题

1. 成组技术不仅适合多品种小批量生产方式，也特别适合大批量生产方式。(　　)

2. 应用成组技术进行零件的工艺设计，减轻了大量烦琐而重复的设计工作，也避免了工艺设计人员的设计随意性，减少了出错的概率。(　　)

3. 成组技术在企业生产活动的产品设计、毛坯制造、工艺工装管理及生产作业管理等各方面都获得了成功的应用。(　　)

三、填空题

1. 计算机辅助工艺规程设计简称__________，计算机辅助制造简称__________。

2. 成组加工是指利用工件的__________对工件进行归类分组，并利用高效生产加工手段对__________进行生产加工的工艺方法。

3. 目前技术发展比较成熟的 CAPP 类型主要有__________和__________两大类。

第四节　柔性化制造技术

一、选择题

1. 下列哪一项不属于 FMS 的柔性体现？（　　）

A. 能够加共同组不同型的较宽零件带，包括不相似的零件

B. 能够适应各种零件批量的变化和零件品质的混合

C. 适应生产计划和作业计划的突然变化

D. 系统本身不易于重新配置和扩展

2. 下列选项中，不属于数控加工的工艺特点的是（　　）。

A. 工艺内容十分具体

B. 工艺设计非常严密

C. 需要操作工人具有较好的技术水平

D. 加工的适应性好

二、判断题

1. 整个 FMS 系统由中央计算机统一进行指挥和调度，自动完成高效生产的控制工作。（　　）

2. FMS 中的刀具系统比加工中心具有的单元刀库还要庞大。（　　）

三、填空题

1. 柔性制造系统是由__________数控机床和__________通过计算机网络相联系，以实现网络内所有资源的动态平衡和优化使用，可以自动地调节和适应成组零件的混合加工。

2. 柔性制造单元是一种根据一定的__________由__________数控机床所组成的自动化生产集合。

3. 柔性制造系统一般由计算机控制系统、__________、物料流控制配送系统和__________四大部分组成。

4. 物料流系统一般由__________、缓冲站、自动装卸和__________、托盘交换和输送装置、刀具交换输送等系统组成。

第五节　绿色制造

一、选择题

1. 下列哪一项不属于传统制造业存在的问题？(　　)

A. 废旧或闲置设备回收和再利用率低

B. 能源和原材料消耗大

C. 制造过程中产生的废弃物得不到无公害处理

D. 工人劳动强度大

2. 制造的全过程不包括以下哪一个？(　　)

A. 产品设计　　　　B. 材料选择

C. 产品储存　　　　D. 生产制造

3. 下列选项中，不属于清洁生产范畴的是(　　)。

A. 改进工艺，提高产品合格率

B. 采用末端治理

C. 减少加工工序，谋求生产过程的废料最少化

D. 减少切削液的使用

二、判断题

1. 传统制造业存在废旧或闲置设备回收和再利用率低的问题。(　　)

2. 绿色制造在其产品材料的选择上也讲究绿色特性，有利于降低能耗，环境负荷最小。(　　)

3. 环境问题已成为21世纪人类生存和发展所面临的重大挑战。(　　)

三、填空题

1. 当今人类社会面临的三大主要问题是资源、__________和__________。

2. 绿色制造是一个综合考虑__________和__________的现代制造模式。

3. 制造的全过程包括产品设计、__________、材料选择、__________、包装运输、使用和报废处理等阶段。

4. 绿色制造技术的发展趋势是全球化、社会化、__________、并行化、智能化和__________。